清 洁 供 暖

——空气源热泵技术在长江流域分户式集中供暖的应用研究

黄华 李敏 ◎ 主编

中国质量标准出版传媒有限公司

中国标准出版社

北京

图书在版编目（CIP）数据

清洁供暖：空气源热泵技术在长江流域分户式集中供暖的应用研究/黄华，李敏主编. —北京：中国质量标准出版传媒有限公司，2020.8

ISBN 978－7－5026－4763－6

Ⅰ.①清… Ⅱ.①黄… ②李… Ⅲ.①热泵—应用—长江流域—区域供暖—计量—研究 Ⅳ.①TU832.5

中国版本图书馆 CIP 数据核字（2020）第 044595 号

中国质量标准出版传媒有限公司
中 国 标 准 出 版 社 出版发行

北京市朝阳区和平里西街甲 2 号（100029）

北京市西城区三里河北街 16 号（100045）

网址：www. spc. net. cn

总编室：（010）68533533 发行中心：（010）51780238

读者服务部：（010）68523946

北京九州迅驰传媒文化有限公司印刷

各地新华书店经销

*

开本 880×1230 1/32 印张 5.125 字数 125 千字

2020 年 8 月第一版 2020 年 8 月第一次印刷

*

定价：28.00 元

编委会

前　言

空气源热泵技术由于不需要燃烧不可再生的矿物原料，而是直接从空气中吸收热量，消耗少量的电能就可获得几倍的热能，性价比极高，被我国政府认定为可再生的清洁能源项目，具有极高的推广价值。

空气源热泵技术在长江流域的应用主要体现在两个方面，即采用空气源热泵来提供生活热水和满足民用建筑的冬季供暖需求。

目前，在京津冀及周边地区空气源热泵分户供暖已被大量使用，并取得了一定的使用经验。由于京津冀地区的气候特点、建筑围护结构等与长江流域有非常大的区别，因此，需要对长江流域空气源热泵技术进行深入研究。

为了推动热泵技术在长江流域的健康发展，上海海关机电产品检测技术中心与广东美的暖通设备有限公司合作进行了热泵技术在长江流域应用的研究，并取得了一些研究成果。

本书从技术上介绍了在长江流域使用的空气源热泵除霜的关键技术，分户供暖的设计、安装、施工、验收及效果评价等研究成果，供同行业技术人员参考。

鉴于编者水平有限，本书难免会有疏漏或不当之处，敬请广大读者能够予以批评指正。

编　者

2020 年 2 月

目　录

第1章 长江流域气候类型分析

长江流域是指长江干流和支流流经的广大区域，横跨我国东部、中部和西部三大经济区，共计 19 个省、市、自治区，是世界第三大流域，流域总面积 180 万 km², 占我国国土面积的 18.8%，流域内有丰富的自然资源。

1.1 气温

长江流域气温是在太阳辐射能量、东亚大气环流、青藏高原和北太平洋大地形以及各地区不同的地形条件影响下形成的。

长江流域的年平均气温呈东高西低、南高北低的分布趋势，中下游地区高于上游地区，江南高于江北，江源地区是全流域气温最低的地区。由于地形的差别，在以上总分布趋势下，形成四川盆地、云贵高原和金沙江谷地等封闭式的高低温中心区。

中下游大部分地区年平均气温为 16℃ ~ 18℃。湘、赣南部至南岭以北地区达 18℃ 以上，为全流域年平均气温最高的地区；长江三角洲和汉江中下游为 16℃ 左右；汉江上游地区为 14℃ 左右；四川盆地为闭合高温中心区，大部分地区为 16℃ ~ 18℃；重庆至万县地区达 18℃ 以上；云贵高原地区西部高温中心为 20℃ 左右，东部低温中心在 12℃ 以下，冷暖差别极大；金沙江地区高温中心在巴塘附近，年平均气温为 12℃，低温中心在埋塘至稻城之间，平均气温仅 4℃ 左右；江源地区气温极低，年平均气温为 -4℃ 左右，呈北低南高分布。

长江流域最热月为 7 月，最冷月为 1 月，4 月和 10 月是冷暖变化的中间月份。

1 月中下游大部分地区平均气温为 4℃ ~ 6℃，湘、赣南部为 6℃ ~ 7℃，江北地区在 4℃ 以下。四川盆地在 6℃ 以上。云贵高原西部暖中心普遍在 6℃ 以上，中心最高达 15℃ 左右，东部在 4℃ 以下。金沙江地区西部为 0℃ 左右，东部地区为 -4℃ 左右。江源地区气温极低，北部平均气温在 -16℃ 以下。

4 月中下游大部分地区平均气温为 16℃ ~ 18℃，江北及长江三角洲为 14℃ ~ 15℃，南岭北部达 18℃ 以上。四川盆地在 18℃ 以上。云贵高原西部暖中心高达 25℃ 左右，而其东部低温中心为 12℃。金沙江西部地区在 10℃ 以上，东部则在 4℃ 以下。江源地区平均气温仍在 0℃ 以下，北部为 -4℃ 左右。

7 月中下游地区平均气温普遍在 28℃ 以上。四川盆地为 26℃ ~ 28℃。云贵高原西部气温中心为 24℃ ~ 26℃，而东部地区在 20℃ 以下。金沙江地区西部为 18℃，东部为 12℃ 左右。江源地区平均气温为 8℃ 左右。

10 月中下游的江南地区平均气温为 18℃ ~ 20℃，江北和长江三角洲为 17℃ 左右。上游四川盆地为 18℃ 左右。云贵高原西部暖区为 16℃ ~ 18℃，中心地区高达 21℃，东部冷区在 12℃ 以下。金沙江地区西部为 12℃，东部在 6℃ 以下。江源地区北部在 -4℃ 以下，南部为 -2℃ 左右。

年平均最高气温：中下游地区普遍为 20℃ ~ 24℃，比其年平均气温高 4℃ ~ 5℃；四川盆地为 20℃ 左右，仅比其年平均气温高 2℃ ~ 3℃，是全流域气温年际变化最小的地区；云贵高原、金沙江和江源地区的年平均最高气温变化较大，一般比其年平均气温高

6℃~8℃。年平均最低气温：中下游大部地区为 12℃~14℃，四川盆地与中下游地区相当，云贵高原的冷暖中心区分别为 8℃ 和 12℃~16℃，金沙江地区东西部的冷暖区分别为 -2℃ 和 8℃ 左右，江源地区为 -10℃ 左右。

极端最高气温：中下游地区普遍在 40℃ 以上，最大值出现在江西修水站，达 44.9℃；长江三角洲和洞庭湖区、江汉平原一般在 40℃ 以下；四川盆地大部地区为 40℃~42℃；云贵高原和金沙江地区的极端最高气温仍然存在东西并列的高低值中心区，其差值达 10℃ 以上；江源地区的极端最高气温为 22℃~24℃。极端最低气温：四川盆地一般为 -2℃~-6℃，中下游大部地区为 -10℃~-16℃；川西和金沙江地区极端最低气温的地区分布梯度最大，等温线密集；江源地区普遍在 -30℃ 以下。

1.2 降水

长江流域平均年降水量 1067mm，由于地域辽阔，地形复杂，季风气候十分典型，年降水量和暴雨的时空分布很不均匀。

江源地区年降水量小于 400mm，属于干旱带；流域内大部分地区年降水量为 800mm~1600mm，属于湿润带。年降水量大于 1600m 的地区属于特别湿润带，主要位于四川盆地西部和东部边缘、江西和湖南、湖北部分地区。年降水量为 400mm~800mm 的地区属于半湿润带，主要位于川西高原、青海、甘肃部分地区及汉江中游北部。年降水量达 2000mm 以上的地区属于多雨区，都分布在山区，范围较小，其中四川荥经的金山站年降水量达 2590mm，为全流域之冠。

从以上的数据可以看出，长江流域的气候属于冬季寒冷，夏季炎热,雨水较多,绝大部分属于湿润带和半湿润带。

1.3 长江流域气候特点

长江流域气候属于亚热带季风气候类型,属于夏热冬冷地区。夏季湿热和冬季阴冷是长江流域的主要气候特点。

夏季闷热,太阳辐射强度大。而冬季气温虽然比北方高,但日照率远低于北方,大部分地区的日照率为 20%~40%,冬季太阳辐射热小于 750MJ/m^2。有个别城市的日照率极低,如重庆的冬季日照率仅为 13%。整个冬季天气阴沉,阴雨绵绵,几乎不见阳光,使人感觉阴冷潮湿。多雨带来的潮湿气候,又加重了夏季的闷热和冬季的阴冷。

1.4 长江流域气候变换情况

随着全球气候变暖,我国自 2000 年至 2018 年,连续 19 年冬季平均气温高于 1971—2000 年气候平均值。若按新的 1971—2000 年气候平均值,则除 1995—1996 年和 1999—2000 年两个冬季的全国平均气温略低于新的气候平均值外,近 20 年内,也有 18 年冬季平均气温高于新气候平均值,全国冬季平均气温的总体趋势是升温变暖的。

长江流域冬季平均气温的变化基本类似于全国总趋势。如武汉,除 2003—2004 年和 2004—2005 年两个冬季气温较常年偏低 0.4℃外,近 20 年其他各年度冬季平均气温都较常年偏高。又如上海,从 1988—1989 年度冬季开始,已持续出现 27 个暖冬,即有 27 个冬季的平均气温较常年平均偏高 1℃以上。这里仅列举长江中下游地区几个主要城市 2017—2018 年度冬季的气温变化情况与这几个城市冬季常年主要气象数据进行对比,见表1-1和表1-2。

表1-1　2015—2018年几个典型城市的冬季气温数据

气温数据	武汉	南京	上海
2015年12月1日—2018年2月28日平均温度/℃	5.5	4.3	5.5
温度≤0℃的天数	3	20	11
平均温度≤5℃的天数	20	33	13
平均温度≤5℃期内的平均温度/℃	3.17	3.3	3.4
温度≤5℃的天数	41	49	25
最低温度/℃	-2	-4	-1
最低温度出现的天数	1	1	1

表1-2　几个典型城市冬季历年主要气象参数

气象参数	武汉	南京	上海
供暖室外计算温度/℃	-2	-3	-2
平均温度≤5℃的天数	59	71	59
平均温度≤5℃期内的平均温度/℃	2.0	2.2	3.1

从表1-1可知,这些地区冬季平均温度为4.3℃~5.5℃,接近供暖温度;平均温度小于或等于5℃的天数比出现温度小于或等于5℃的天数减少近一半,说明温度低于5℃的时段在全天中所占比例不大。从表1-1中还可以看出,最低温度出现的天数很少,均为1天。

对比表1-1和表1-2可知,这些地区日平均温度小于或等于5℃的天数较常年大为减少,减少最多的是上海,达45天。

2017—2018年度平均温度小于或等于5℃天数内的平均温度均高于常年值,武汉和南京均高出1℃以上,上海高出0.3℃。

这些都说明,气候变暖使长江中下游地区冬季平均温度增高。

1.5 长江流域冬季取暖现状

长江流域覆盖面积约占我国国土面积的 20%，该地区人口 5.5 亿左右，约占全国人口的 40%，居住建筑面积约 34 亿 m^3，是我国人口最密集、经济发展速度最快的地区。长江中下游地区人口稠密，随着经济和社会的发展以及城镇化水平的不断提高，居民对室内热环境的要求也越来越高。在夏热冬冷地区如此大的人口基数条件下，要提高该地区冬季室内热环境质量，如果完全照搬北方传统的全空间连续集中供暖方式，势必会引起这一地区能耗总量的急剧增加，并且加剧环境污染。

长江流域不属于集中供暖地区。过去一般不用供暖和空调，居住建筑的设计对保温隔热问题不够重视，围护结构的热工性能普遍较差。冬季由于日照率低，导致室内湿度大，为了室内环境卫生、避免滋生细菌，居民有开窗通风换气的习惯，且开窗时间较长。没有供暖设施的住宅室内外温度几乎相同，冬季室内外温差一般只有 0℃~4℃。整个冬季，80% 的时间室内温度低于 10℃（建筑热环境的卫生学下限是 12℃），室内久坐则会感到寒冷入骨，影响正常生活。冬季在室内时的衣着状况与室外基本相同，甚至存在室内活动量不大时穿着比室外还要厚重的情况，在室内生活很不方便。夏热冬冷地区住宅若不采取供暖措施，冬季室内热环境达不到基本的居住要求，室内舒适更无从谈起。

近年来，随着人们对美好生活的追求，长江流域地区在冬季逐步开始供暖。但由于缺少规划，基本上没有形成体系，各地政府有必要对此进行规范，采用节能环保的取暖方式，防止因冬季取暖而造成雾霾等空气污染。

第 2 章　长江流域冬季取暖方式介绍

2.1　燃气、燃煤锅炉

锅炉是一种能量转换设备，其输入的能量有燃料中的化学能、电能，输出具有一定热能的蒸汽、高温水或有机热载体。《中华人民共和国特种设备安全法》中锅炉的定义是指利用各种燃料、电或者其他能源，将所盛装的液体加热到一定的参数，并通过对外输出介质的形式提供热能的设备，其范围规定为设计正常水位容积大于或等于 30L，且额定蒸汽压力大于或等于 0.1MPa（表压）的承压蒸汽锅炉；出口水压大于或等于 0.1MPa（表压），且额定功率大于或等于 0.1MW 的承压热水锅炉；额定功率大于或等于 0.1MW 的有机热载体锅炉。

锅炉分"锅"和"炉"两部分："锅"是容纳水和蒸汽的受压部件，对水进行加热、汽化和汽水分离；"炉"是进行燃料燃烧或其他热能放热的场所，有燃烧设备和燃烧室炉膛及放热烟道等。"锅"与"炉"两者进行着热量转换过程，放热和吸热的分界面称为受热面。锅炉将水加热成蒸汽。锅炉中产生的热水或蒸汽可直接为工业生产和人民生活提供所需的热能，也可通过蒸汽动力装置转换为机械能，或再通过发电机将机械能转换为电能。本书中提到的锅炉专指提供热水的锅炉，主要用于生活供暖。

2.1.1 燃气锅炉

2.1.1.1 燃气锅炉的定义

燃气锅炉顾名思义指的是燃料为燃气的锅炉，燃气热水锅炉也称燃气采暖锅炉和燃气洗浴锅炉。目前，市面上很多人都选择了燃气锅炉作为蒸汽、采暖、洗浴用的锅炉设备。

2.1.1.2 燃气锅炉的分类

燃气锅炉按照燃料可以分为天然气锅炉、城市煤气锅炉、焦炉煤气锅炉、液化石油气锅炉和沼气锅炉等，按照功能可以分为KS-Q燃气开水锅炉、CLHS/CWNS燃气热水锅炉（包括燃气采暖锅炉和燃气洗浴锅炉）、LHS/WNS燃气蒸汽锅炉等，按照构造可以分为立式燃气锅炉、卧式燃气锅炉，按照烟气流程可以分为单回程燃气锅炉和三回程燃气锅炉。

2.1.1.3 燃气锅炉的构成

燃气锅炉最重要的组成部分是燃烧器和控制器。

（1）燃气锅炉燃烧器

燃气锅炉燃烧器主要由以下5个系统组成：

a)送风系统。其功能是向燃烧室里送入一定风速和风量的空气，主要部件有壳体、风机马达、风机叶轮、风枪火管、风门控制器、风门挡板、凸轮调节机构、扩散盘。

b)点火系统。其功能是点燃空气与燃料的混合物，主要部件有点火变压器、点火电极、点火高压电缆。较为安全的一种点火系统称为电子脉冲点火器，其方便省时，只需用手指按动就可以，并且安全性高，不会出现因意外熄火引起的安全事故，一旦出现熄火的状态，控制系统能及时关闭电磁阀，关断燃气通路。

c)监测系统。其功能是保证燃烧器安全、稳定地运行，主要部件有火焰监测器、压力监测器、温度监测器等。

d)燃料系统。其功能是保证燃烧器燃烧所需的燃料。燃油燃烧器的燃料系统主要部件有油管及接头、油泵、电磁阀、喷嘴、重油预热器。燃气燃烧器的燃料系统主要部件有过滤器、调压器、电磁阀组、点火电磁阀组然、燃料蝶阀。

e)电控系统。它是上述各系统的指挥中心和联络中心，主要控制元件是程控器。针对不同的燃烧器配有不同的程控器，常见的有LFL 系列、LAL 系列、LOA 系列、LGB 系列，其主要区别是各个程序步骤的时间不同。

（2）燃气锅炉控制器

a)超大全中文液晶显示屏，内置白炽夜光灯，无论黑夜白天，屏幕内容清晰可见。

b)图像动画显示水位状态、加热状态、泵阀状态、报警状态，锅炉运行一目了然。

c)CPU 智能中央处理器，所有程序集中在一个数字芯片上，扩展性强，自动化程度高，操作简便，功能强大。

d)具备时间设定、温度设定、泵阀设定、连续设定、定时设定、压力设定等多种控制功能，任意设置工作状态。

e)具备水位极低报警(防干烧功能)、水温超高报警、压力超高报警等多种报警功能和连锁保护能力(停机)，杜绝安全隐患。

f)详细自诊、记录，检查维修方便。

2.1.2 燃煤锅炉

2.1.2.1 燃煤锅炉的定义

燃煤锅炉是指燃料为燃煤的锅炉，是经过燃煤在炉膛中燃烧释放热量，把热媒水或其他有机热载体(如导热油等)加热到一定温度

(或压力)的热能动力设备。

2.1.2.2 燃煤锅炉的分类

燃煤锅炉主要是按照用途分类的,可以分为燃煤开水锅炉(供应开水)、燃煤热水锅炉(采暖和洗浴)、燃煤蒸汽锅炉(供应蒸汽)、燃煤导热油锅炉(蒸煮和干燥)等。

2.1.2.3 燃煤锅炉的构成

燃煤锅炉主要由煤粉制备系统、煤粉燃烧器、受热面、空气预热器等部分组成。

(1)煤粉制备系统

a)直吹式制粉系统。将磨好的煤粉全部直接送入炉膛中燃烧,宜采用中速和高速磨煤机,适用于磨较软的烟煤和褐煤。缺点是磨煤机的出力和煤粉细度与锅炉负荷有关,因而随着锅炉负荷的变化需调整磨煤机的运行台数,并且研磨部件容易磨损。中速磨煤机直吹式制粉系统又分为正压式与负压式两种,近代大容量锅炉多采用正压系统。

b)中间储仓式制粉系统。磨煤机的出力和煤粉细度与锅炉负荷无关,宜采用可磨制各种硬度煤种的钢球磨煤机。缺点是设备较直吹式复杂,磨煤机耗电量较大,空载与满载时耗电量相差不大,故应使其常在满载下运行。

(2)煤粉燃烧器

将煤粉送入炉膛进行燃烧的设备,分为旋流式燃烧器和直流式燃烧器。旋流式燃烧器是将携带煤粉的一次风和不带煤粉的二次风分别用不同管道与燃烧器连接,煤粉与空气能充分混合并形成回流区。每台锅炉可配置4只~48只旋流式燃烧器。直流式燃烧器的喷口成狭窄形,其一次风、二次风在燃烧器中都不旋转,煤粉在其中能完全燃烧。

（3）受热面

分为蒸发受热面和过热受热面。现代大、中型锅炉均以水冷壁构成炉膛，由此水冷壁（即受热面）吸收炉内辐射热使水蒸发成饱和蒸汽。为不增加炉膛容积而增加辐射受热面，大型锅炉可采用双面曝光的水冷壁。过热器受热面可分为布置于炉膛上部的屏式过热器受热面和布置于对流烟道内的对流过热器受热面。前者吸收炉内辐射热，后者吸收对流热。

（4）空气预热器

此设备装于锅炉烟道尾部，用以回收烟气余热，提高助燃空气的温度。高参数、大容量的锅炉为提高热风温度（ $>300℃$ ），常需使空气预热器与省煤器分级交叉布置。

2.2　电暖器

2.2.1　全智能控温电暖器

全智能控温电暖器又称作充油式电暖器。这种电暖器里面充有新型导热油，安全系数高，无燃点，当接通电源后，电热管周围的导热油被加热，然后沿着热管或散片将热量散发出去。油汀散热片有 7 片、9 片、10 片、12 片等，可通过选择散热片的多少来调节功率的大小，使用功率为 1200W 左右。

该取暖器的最大特点是散发的热量较大，即使在突然停电的情况下，也会在很长时间内保持一定的温度，同时不产生任何有害气体，无电器运行噪声。电热油汀取暖器的表面温度最高可达180℃。油汀取暖器因为使用导热油，不会腐蚀暖气片，使用寿命长，最长使用寿命可达 30 年。

另外，热油汀智能控温电暖器可以自动控制室内温度。当室内温度达到上限温度，自动关闭电源，停止工作。当室内温度低于下限温度，自动开启电源，开始工作。无论是从节约用电，还是从室内取暖效果来说，都是最佳的选择。

2.2.2　虹吸管热管型电暖器

这是新出现的一种电暖器，它采用"两相闭式热虹吸管"为热源，升温快，热效率高。工作时不发光、无明火、不怕水淋和水蒸气腐蚀，适合普通房间和浴室使用。

2.2.3　高温超导热霸电暖器

靠加热超导热油产生热量，利用风机传递热量，适合在会客室、浴室使用。浴霸最大的好处就是安全方便，而且在打开取暖灯开关的瞬间，洗浴范围内的温度就可以达到25℃以上。有的浴霸还设有防水溅遥控器，可自由自在地根据需要调节温度。相比油汀取暖器，浴霸的热效率不够均匀，取暖范围有限。

2.2.4　欧式电热汀

欧式电热汀吸取了油汀式电暖器和欧式快热炉的优点，升温快且保温好，而且还附带加湿器，可遥控、可定时，倾倒自动断电。制热分布均匀，人体感觉比较舒适，即使用在卧室里也完全没有问题。油汀电暖器导热油无需更换，使用寿命长，适合在客厅、卧室、过道及有老人和孩子的家庭使用，具有安全、卫生、无尘、无味的优点。此外，红外线对人体有极佳的保健作用，可以激活人体细胞、延缓肌体衰老，对肩周炎、颈椎病、骨质增生、关节炎、伤口难以愈合等症状都有很好的治疗作用。

2.2.5　蓄热式电红外辐射电暖器

蓄热式电红外辐射电暖器又称作电热辐射板，这种采暖方式在北美和欧洲是十分流行的。相比之下，我国蓄热的应用较少，主要集中在余热或废热利用等方面。蓄热式电红外辐射电暖器是以电为能源，具有蓄热功能，且以红外辐射方式供热的采暖装置，主要包括铠装电热管、翅片式辐射板、蓄热层、绝热层、接线装置等。该采暖器是模拟"太阳温暖地球"的原理，采用不锈钢铠装电热管及特种铝合金阳极氧化处理工艺，以红外辐射方式供热，具有蓄能装置。整个系统采用并联方式联结，安装在天棚或墙壁上，运行安全稳定，不占室内面积。蓄热式电红外辐射电暖器可广泛地应用于民用建筑、工业厂房、学校、办公楼及军事设施等各类建筑。

蓄热装置的作用表现在平衡供热量和热负荷之间的关系、减小设备容量和提高系统效率等方面。因此，在采暖热负荷一定的情况下，改变不同时间电采暖系统供热量的大小，在电力低谷期多用电供热，电力高峰期少用电或不用电供热，供热量与热负荷之间的平衡可通过蓄热装置实现，从而达到减小电力峰谷差的目的。

2.3　燃气壁挂炉

2.3.1　燃气壁挂炉的简介

燃气壁挂炉全称为燃气壁挂式快速采暖热水器，具有防冻保护、防干烧保护、意外熄火保护、温度过高保护、水泵防抱死保护等多种安全保护措施。可以外接室内温度控制器，以实现个性化温度调节和达到节能的目的。据统计，使用室内温度控制器可以节省

20%~28%的燃气费用。燃气壁挂炉具有强大的家庭中央供暖功能，能满足多居室的采暖需求，各个房间能够根据需求随意设定舒适温度，也可根据需要决定某个房间单独关闭供暖，并且能够提供大流量恒温卫生热水，供家庭浴室、厨房等场所使用。经过近10年的发展，国产壁挂炉各项性能明显改进，国内知名厂家能够结合中国气候条件，对引进的德国先进技术进行二次开发，故国产壁挂炉更适合国内气候条件和使用习惯。

2.3.2 燃气壁挂炉的分类

按照产地发源，燃气壁挂炉分为欧系和韩系。相对来说，欧系壁挂炉发展历史更悠久、技术更成熟、质量更好，故应用更加普及。按照加热方式不同分为即热式和容积式，按照用途不同分为单采暖、半自动和全自动，按照燃烧室压力不同分为正压式燃烧和负压式燃烧，按照燃气阀体类别分为通断式和比例式，按照产地不同分为进口机和组装机。

2.3.3 燃气壁挂炉的构成

燃气壁挂炉主要由给气系统、燃烧系统、排烟系统、水力系统等部分组成。

（1）给气系统。壁挂炉的能源供给部分，因此安全性至关重要。由于给气系统可根据功率的需求变化而调节输入量会直接影响燃气壁挂炉的燃烧效率和耗气量，因而起到调节氮氧化物等有害物质排放量的重要作用。

（2）燃烧系统。包括预混燃烧器和燃烧室。其中，预混燃烧器的火排分布的多少决定燃气与空气的混合程度，进而决定燃烧效率。壁挂炉在燃烧过程会产生烟气，而不完全燃烧的烟气含有大量一氧化碳，一旦泄漏将直接给业主带来生命危险，因此燃烧室的密封性至关重要。

（3）排烟系统。在排出烟气的同时兼顾空气的引入，故烟道大多设计为同轴型结构。其中，内管用于排烟，外管用于引入燃烧需要的新空气。由于这种空气和烟气的交换系统与室内完全隔绝，因而解决了烟气回流与泄漏的隐忧。由于排烟系统在结构上将排烟风机置于燃烧室后端，使得燃烧室内形成负压环境，从而杜绝了烟气向室内扩散的可能性，可安全使用。

2.4　房间空气调节器

2.4.1　房间空气调节器的定义

房间空气调节器，标准中简称"空调器"，生活中简称"空调"，是指用于向封闭的房间、空间或区域直接提供经过处理的空气的一种器械。我国于 1963 年开始研制空调器，1965 年上海冰箱厂（现上海空调机厂）生产出第一批窗式空调器。

2.4.2　房间空气调节器的分类

空调器有多种分类方法。

（1）按结构形式分为整体式和分体式两种。整体式有窗式、穿墙式；分体式分为室内机组和室外机组两部分，室内机组有吊顶式、挂壁式、落地式、嵌入式、台式等。

（2）按功能分为冷风型、热泵型、冷风除湿型、冷风热泵除湿型、热泵辅助电热型等。

（3）按冷却方式分为水冷式和空气冷却式。家用空调器一般都采用空气冷却式。

2.4.3　房间空气调节器的构成

空调器主要包括制冷系统、空气循环系统、电气控制系统和箱体四部分。

(1)制冷系统。主要由封闭式压缩机、节流用的毛细管、热交换用的蒸发器、冷凝器及联接管组成封闭系统。系统内充灌制冷剂。

(2)空气循环系统。主要包括风扇电机、离心风扇、轴流风扇、风道、风门、空气过滤装置等。

(3)电气控制系统。主要有温度控制器、选择开关、过载保护器、加热用的电热管保护装置、电磁换向阀、电气线路等。

(4)箱体。主要有外壳、底盘、面板、接线盒等。

2.5　空气源热泵

2.5.1　空气源热泵的定义

空气源热泵是一种利用高位能使热量从低位热源空气流向高位热源的节能装置，是热泵的一种形式。空气作为热泵的低位热源，处处都有，可以无偿地获取。同时，空气源热泵的安装和使用都比较方便。热泵可以把不能直接利用的低位热能(如空气、土壤、水中所含的热量)转换为可以利用的高位热能，从而达到节约部分高位热能(如煤、燃气、油、电能等)的目的。我国的空气源热泵(亦称风冷热泵)的研究、生产、应用在 20 世纪 80 年代末开始有了较快的发展，目前的产品有家用热泵空调器、商用单元式热泵空调机组和热泵冷热水机组等。

2.5.2　空气源热泵的分类

（1）按机组容量大小分为小型机组、中型机组、大型机组等。

（2）按机组组合形式分为整体式机组和模块化机组。整体式机组是指由一台或几台压缩机共用一台水侧换热器的机组，模块化机组是指由几个独立模块组成的机组。

2.5.3　空气源热泵系统的特性

（1）冷热源合一，不需要设专门的冷冻机房、锅炉房，机组可任意放置屋顶或地面，不占用建筑的有效使用面积，施工安装十分简便。

（2）无冷却水系统，无冷却水消耗，也无冷却水系统动力消耗。

（3）由于无需锅炉、无需相应的锅炉燃料供应系统、除尘系统和烟气排放系统，因此空气源热泵系统安全可靠、对环境无污染。

（4）冷（热）水机组采用模块化设计，不必设置备用机组，运行过程中电脑自动控制，调节机组的运行状态，使输出功率与工作环境相适应。

2.5.4　空气源热泵在热水取暖中的应用

目前，以空气源热泵热水器作为应用空气源热泵进行热水取暖的装置。空气源热泵热水器是一种利用空气作为低温热源来制取生活热水的热泵热水器，通过消耗部分电能，把空气中的热量转移到水中的制取热水的设备，主要由空气源热泵循环系统和蓄水箱两部分组成。在蒸发温度 $0℃$ 的条件下，把水从 $9℃$ 加热至 $60℃$，CO_2 热泵热水系统的 COP 值可达 4.3W/W。以周围空气为热源时，全年的运行平均供热 COP 值可达 4.0W/W，与传统的电加热或者燃煤锅炉相比，可以节省75%的能量。

第3章 空气源热泵的原理

人类历史上绝大部分时间是通过燃烧树木、植物秸秆、煤等矿物原料而获得热能的。随着人类社会的逐步发展和科学技术的不断进步，太阳能、风能、潮汐能逐步被开发利用，人类的能源获得方式越来越多样化。但这些能源各具特色：

(1)燃烧树木、植物秸秆等会造成空气污染。

(2)燃烧矿物原料可以获得能源，但那是一个不可逆的过程，矿物资源越来越少，而且还会造成环境污染、温室气体效应等不利因素。

(3)太阳能、风能、潮汐能等虽然清洁环保，但受天气等环境条件影响较大，不能持续稳定地提供能源。

于是，一种能提供节能环保可再生能源的热泵应运而生。那么，什么是热泵技术呢？

为了回答这一问题，先来了解一下热量传递的规律。在自然状态下，热量只能是从高温物质向低温物质传递的，而不能反方向传递。长期以来，人们通过大量的实践活动和科学研究，终于找到一种利用制冷系统中制冷剂的逆卡诺循环的方法实现热量的逆向传递，即热量从低温物质向高温物质传递。这就是所谓的热泵技术。

热泵技术的定义：利用低温低位热能资源，采用热泵原理，通过少量的高位电能输入，实现低位热能向高位热能转移的一种技术。

行业内把这种将低温热源的热能转移到高温热源的装置叫作热

泵。热泵的概念很好理解，顾名思义就是热量泵，不断地把低温热源热能转移到高温热源。

多年来，通过对热泵知识的深入研究，人们开发出多种多样的热泵产品，如热泵空调、低环境温度空气源热泵热风机、热泵热水器、热泵型洗干一体机等。

根据热量来源方式的不同，热泵可分为地源热泵、水源热泵、空气源热泵等多种形式。地源热泵的热量主要来自大地土壤，水源热泵的热源来自江河海水中，空气源热泵的热量来自空气。从土壤、水和空气中获取的热量去加热所需加热的对象，为人类生产生活提供服务。

本书介绍的就是上述热泵之一的空气源热泵，下面以热泵热水器为例阐述热泵的工作原理和工作过程。

热泵热水器工作的压焓图，如图 3 - 1 所示。

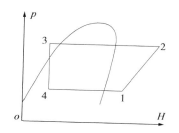

图 3 - 1　热泵热水器工作的压焓图

1—出蒸发器进压缩机；2—出压缩机进冷凝器；

3—出冷凝器进膨胀阀；4—出膨胀阀进蒸发器

从图 3 - 1 可以看出，热泵热水器与房间空调器一样是按照逆卡诺循环的原理进行工作的。具体过程如下：

（1）制冷剂气体经过压缩机由低温低压的气体被压缩成高温高压的气体，如图 3 - 1 中 1—2 的压缩机中的等熵压缩过程。

（2）高温高压的制冷剂气体与冷凝器中的水进行热交换被冷凝，

冷凝后变成中温高压的液体，如图 3 - 1 中 2—3 的冷凝器内的等压冷却、冷凝、过冷过程。

（3）中温高压的液体制冷通过毛细管（或膨胀阀）节流后进入蒸发器，如图 3 - 1 中 3—4 的膨胀阀内的等焓节流过程。

（4）进入蒸发器的液体制冷剂，在蒸发器中吸收大量空气中的热量后又蒸发转化成低温低压的气体，如图 3 - 1 中 4—1 的蒸发器内的吸热等压气化过程。

蒸发器流出的低温低压的气体再回到压缩机进行下一工作循环。上述循环周而复始进行，就可以从冷凝器中取得大量的热量用于水的加热，同样，蒸发器可以从周边的空气中吸收大量的热量。整个过程就像泵一样，把空气中的热量吸收进来用于水的加热。

空气源热泵的工作原理如图 3 - 2 所示。

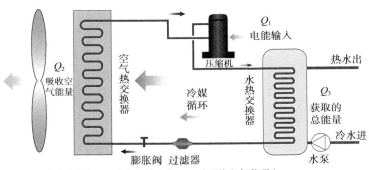

Q_3（获取的总能量）= Q_1（电能输入）+ Q_2（吸收空气能量）

图 3 - 2　空气源热泵热水器制热原理示意图

近年来，国家能源局将热泵技术作为一项新能源技术加以扶持并进行推广。热泵技术具有以下特点：

（1）节能效果明显。从图 3 - 2 中可以看出，水罐中的水所获取的总能量（Q_3）为压缩机消耗的电能（Q_1）和制冷剂吸收空气能量（Q_2）的总和。按照现有的技术水平，在长江流域空气源热泵热水器吸收空气能量(Q_2)是压缩机消耗的电能(Q_1)的3倍~5倍，即水罐中所获得的热量是压缩机消耗功率的4倍~6倍，空气源热泵热水器的制热效率是电热水器的4倍~6倍。也就是说，通过热泵技术可以比其他能源方式付出更少的代价而获得所需的热量，即热泵技术具有极好的节能效果。

（2）清洁、环保性能优良。此前所述，热泵技术不需要燃烧矿物原料来获得热量，而是直接从周围环境中吸收热量，和太阳能一样属于清洁环保能源，不会给生存环境造成污染。

（3）具有可再生性。人们赖以生存的地球环境中的空气、江河海洋、土壤等所含的能源是取之不尽，用之不绝的，人们从中吸收热量，为生产和生活服务。使用后热量又释放至周围环境，因此，热泵技术具有可再生性，属于可再生的能源范畴。

（4）安全性、灵活性高。电热水器由于加热管放在水中，存在漏电的隐患；传统燃气、燃煤的取暖方式，存在煤气中毒的隐患。而空气源热泵通过电驱动压缩机工作，无上述隐患，更加安全可靠。同时，控制方式更加方便、灵活、快捷。

第4章 空气源热泵在长江流域运用的关键技术

4.1 空气源热泵系统设计

4.1.1 基本原则

空气源热泵是一种利用高位能使热量从低位热源空气流向高位热源的节能装置，是热泵的一种形式。空气源热泵的设计就是要构造一个制冷/制热循环系统，使之能够满足用户的制冷/制热需求，根据产品的适应场合和目标功能来确定循环系统中的压缩机、换热器、节流装置等的选型。

4.1.1.1 制冷剂类型选择

在明确制冷循环形式之前，首先应根据国际惯例、国家政策、相关法令和产品目标功能确定机组的制冷剂种类。制冷剂是系统循环中能量传播的介质，在中小型空调热泵系统中，采用 R410A、R22、R134a 和 R32 的较多。随着国家环保政策的不断推进，R22 的应用在逐渐减少，同时，GWP 值更低的新型制冷剂也在不断开发与应用中。

4.1.1.2 制冷循环形式

根据制冷剂的特性、产品的适应范围、功能特点和目标客户群的需求，确定制冷循环的主体形式。

(1)明确机组是采用整体式结构还是分体式结构，用户侧采用水系统还是氟系统，抑或是两种系统同时使用，两者间灵活切换。

(2)明确系统是采用单级压缩、双级压缩、准双级压缩还是复叠系统。若采用准双级压缩，需要明确中间补气增焓是采用闪蒸罐还是板式换热器。

(3)明确产品功能是单冷机组、单热机组还是冷暖双用机组，产品是否具有热回收或制热水功能。

(4)明确制冷和制热的节流装置是共用还是独立设置。

(5)具备除湿功能的机组，是否需要设置再热换热器，是采用除湿与再热换热器串联方式还是并联方式。

4.1.1.3 明确所需辅助回路或部件

主体制冷循环形式确定后，还需要确定循环所需的辅助回路和辅助部件，以确保机组运行的高效性、舒适性、可靠性和可控性。

(1)对于冷暖两用产品，制冷和制热运行时的最佳冷媒量并不一致，此时需明确是否需要增加高压储液罐及罐体的容积大小。

(2)考虑到润滑油是否能够顺利回到压缩机中，需要明确是否需要增设油分离器，在多台压缩机并联的系统中，需要设置均油回路。

(3)寒冷地区冬季待机时，对于水系统机组，水路有冻裂的可能，应明确水路或水箱中是否需要增加辅助电加热。

(4)在被控对象以及制冷循环的主要部位设置各种传感器和保护装置，如温度传感器、压力传感器、高低压保护开关等；给出传感器和执行器的类型、数量、设置位置等。

(5)对于采用变频压缩机和电机的循环系统，需要确定驱动模块及主要电器发热件的散热方式，确定采用风冷还是氟冷。

4.1.1.4 循环热力计算

在循环回路中各部件均已明确后，即可绘制整个系统的原理图及压焓图,并确定各个部件的制冷剂进、出口状态。产品不仅要满足在设计工况下能力能效要求,还需要满足在极端工况下的可靠性要求,这就要求选定的元器件既要在规格尺寸上满足性能要求,又要在材质、运行范围等方面满足可靠性要求。如何实现产品的主要性能指标,需要设计人员在选型设计阶段对各零件进行热力计算,即根据产品设计给定的几个典型的外部工况和产品的能力能效需求,选择合适的蒸发器和冷凝器的换热温差,进而可以确定制冷循环的工况参数(冷凝温度、蒸发温度、过冷度、过热度、压缩机理论输气量),再通过这些参数计算理论能力(制冷量、制热量)和能效比(EER、COP)。根据这些工况参数,便可对压缩机理论输气量、消耗功率、换热器面积及结构、膨胀装置形式及大小、载冷剂流量和载冷剂驱动装置等进行选项和设计。

4.1.2 压缩机的选型

制冷类压缩机种类繁多,根据工作原理可分为容积型和速度型两类。容积型又分为往复式压缩机和回转式压缩机。回转式压缩机主要包括滚动转子式压缩机、涡旋压缩机、双螺杆式压缩机和单螺杆式压缩机。速度型压缩机有离心式压缩机和螺杆式压缩机。空气源热泵厂家一般选用回转式压缩机,这主要与压缩机的容量及使用工况相关。压缩机内部结构复杂,核心零部件的设计一般掌握在压缩机厂家手里,对于空气源热泵开发厂家来说,只需要根据设定工况下的能力来确定压缩机的容量、能效和调节能力,综合考虑压缩机的结构特性、热力性能等选择适宜的压缩机型号。

空气源热泵机组常用压缩机类型见表 4-1。

表4-1　空气源热泵机组常用压缩机类型

分类	结构简图	类型	功率范围/kW	主要用途	工作原理简介
往复式 活塞式		开启式	0.4~120	制冷装置、热泵、汽车空调	1. 往复式压缩机主要由活塞、曲轴连杆、气缸、阀组合件、机体等组成。 2. 当曲轴被原动机驱动而旋转时,通过连杆的传动,活塞在气缸内部做往复运动,并在吸排气阀的配合下,完成对制冷剂的吸入、压缩、排气和膨胀四个过程
		半封闭式	0.75~45	制冷装置、热泵、汽车空调	
		全封闭式	0.1~15	电冰箱、空调器	
回转式 滚动转子式		开启式	0.75~2.2	汽车空调	1. 滚动转子式压缩机主要由气缸、滚动转子、偏心轴和滑片等组成。 2. 偏心轴带动转子在圆形气缸内沿内壁转动,滑片在转动时上下移动,将月牙形工作腔分为两部分,右侧被压缩排气,左侧吸气,主轴旋转一周,完成一个循环的压缩、排气过程
		全封闭式	0.1~5.5	电冰箱、空调器	

分类	结构简图	类型	功率范围/kW	主要用途	工作原理简介
涡旋式		开启式	0.75~2.2	汽车空调	1. 涡旋式压缩机主要由静涡盘、动涡盘、偏心轴等组成。 2. 随着偏心轴的旋转，在动涡盘回转平动过程中，静、动涡盘的涡旋叶片相互啮合形成的多个封闭容积从外向里移动，且容积不断缩小，实现了吸气、压缩、排气过程。
		全封闭式	2.2~7.5	空调器	
回转式	双螺杆式	开启式	6左右	大型汽车空调、空调	1. 双螺杆式压缩机主要由阳转子（凸形齿，主动转子，又称阳螺杆）、阴转子（凹形齿，从动转子，又称阴螺杆）、气缸、端盖等组成。 2. 气缸中有一对转子相互啮合形成齿间容积，当转子旋转时，啮合曲线吸气端向排气端推移，完成其吸气、压缩和排气过程。
		半封闭式	20~1800	制冷装置、空调器、热泵	
			30~300	制冷装置、空调器、热泵	
	单螺杆式	开启式	100~1100	制冷装置、空调器、热泵	1. 单螺杆式压缩机主要由螺杆转子、星轮等组成。 2. 由于星轮和气缸两侧对称配置，螺杆转子的齿间回槽和星轮气缸内壁构成双工作容积，双工作容积的大小发生周期性的变化，各自完成吸气、压缩和排气过程。螺杆旋转一周，一个工作容积完成两个吸气、压缩和排气过程
		半封闭式	22~90	制冷装置、空调器、热泵	

压缩机的主要性能参数如下：

（1）工作容积与排量

在容积式压缩机中，直接用来压缩气体的腔室称为工作腔。在转子式压缩机中，工作腔即气缸。工作容积是指工作腔中参与气体处理的那部分容积，用 V_s（单位为 m³）表示，如在转子式压缩机中，气缸与转子中间部分的月牙形空间。

对于只有一个气缸的压缩机来说，压缩机排量是指主轴旋转一周气缸的理论排气量，也即气缸的工作容积，单位为 cm³/rev 或 m³/rev，如果压缩机中有多个气缸，则排量为所有气缸的排量之和。排量是压缩机能力大小最直接的反应，一般来说，在其他条件相同的情况下，压缩机排量越大，能力也越大。

（2）输气量

单位时间内压缩机的排气量，称为压缩机的理论容积输气量，即压缩机每转的排量与转速的乘积，用 q_{V_t}（单位为 m³/s）表示：

$$q_{V_t} = n V_s \tag{4-1}$$

式中：n——转速，r/s。

在一定工况下，单位时间内由吸气端输送到排气端的实际气体容积，称为该工况下的压缩机实际容积输气量，用 q_{V_a}（单位 m³/s）表示。

在一定工况下，单位时间内由吸气端输送到排气端的实际气体质量，称为该工况下的压缩机实际质量输气量，用 q_{ma}（单位为 kg/s）表示：

$$q_{ma} = q_{V_a} / v_{s0} \tag{4-2}$$

式中：v_{s0}——吸气状态下制冷剂的比体积，m³/kg。

（3）容积效率

容积效率也称输气系数，即实际输气量与理论输气量的比值，其大小反应压缩机气缸容积的有效利用程度，用 λ 表示：

$$\lambda = q_{ma}/q_{mt} = q_{Va}/q_{Vt} = \lambda_c \lambda_p \lambda_v \lambda_t \qquad (4-3)$$

式中：q_{mt}——理论质量输气量，kg/s；

$\quad\quad \lambda_c$——余隙系数，表征余隙容积的影响；

$\quad\quad \lambda_p$——节流系数，表征吸、排气压力损失的影响；

$\quad\quad \lambda_v$——泄漏系数，表征气缸内部泄漏的影响；

$\quad\quad \lambda_t$——预热系数，表征制冷剂与汽缸壁热交换的影响。

（4）制冷量与制热量

制冷量是指压缩机单位时间所产生的冷量，它等于单位时间被冷却物体通过蒸发器向制冷剂传递的热量，也就是制冷剂单位质量制冷量与输气量的乘积，用 Q_c 表示：

$$Q_c = q_{ma}(h_1 - h_4) \qquad (4-4)$$

式中：h_1——压缩机进口处的工质比焓，kJ/kg；

$\quad\quad h_4$——蒸发器进口处的工质比焓，kJ/kg。

制热量是压缩机制冷量和压缩机输入功率的当量热量之和，它等于单位时间制冷剂在冷凝器中向外界放出的热量，用 Q_h 表示：

$$Q_h = Q_c + q_{ma}(h_2 - h_1) = q_{ma}(h_2 - h_3) \qquad (4-5)$$

式中：h_2——压缩机出口处的工质比焓，kJ/kg；

$\quad\quad h_3$——冷凝器出口处的工质比焓，kJ/kg。

（5）功率与效率

a）指示功率和指示效率。气缸中工作循环所消耗的功称为指示功，压缩机在单位时间内实际循环所消耗的指示功就是指示功率 P_i（单位为 kW）。

指示效率 η_i 是指压缩 1kg 工质所需的等熵循环理论功 W_t（单位为 kJ/kg）与实际循环指示功 W_i（单位为 kJ/kg）的比值，即

$$\eta_i = W_t/W_i = q_{ma}W_t/q_{ma}W_i = P_t/P_i \qquad (4-6)$$

式中：P_t——等熵循环时的理论功率，kW。

b）轴功率、轴效率和机械效率。由压缩机电动机传到主轴上的功率称为轴功率 P_e（单位为 kW）。轴功率包含两个部分，指示功率 P_i（单位为 kW）和摩擦功率 P_m（单位为 kW），摩擦功率主要用于克服压缩机中各运动部件的摩擦阻力和驱动附属设备等。

$$P_e = P_i + P_m \qquad (4-7)$$

机械效率 η_m 是指示功率与轴功率的比值：

$$\eta_m = P_i / P_e \qquad (4-8)$$

轴效率 η_e 是指等熵压缩理论功率与轴功率的比值：

$$\eta_e = P_t / P_e \qquad (4-9)$$

c）电功率和电效率。压缩机的电功率 P_{in}（单位为 kW）是指输入电动机的功率，电效率 η_{in} 是等熵压缩理论功率与电功率的比值，用于评定电动机输入功率的完善程度。

$$\eta_{in} = P_t / P_{in} \qquad (4-10)$$

电动机效率 η_{m0} 是轴功率与电功率的比值：

$$\eta_{m0} = P_e / P_{in} \qquad (4-11)$$

对于封闭式制冷压缩机，压缩机的主轴直接接在电动机的转子上，所以电效率、轴效率、电动机效率有如下对应关系：

$$\eta_{in} = \eta_i \eta_m \eta_{m0} \qquad (4-12)$$

（6）性能系数与能效比

将一定工况下压缩机的制冷量与所消耗的功率的比值称为性能系数 COP（coefficient of performance），可以用它来衡量压缩机的做功效率和经济性。对于封闭式压缩机，其 COP_{in}（单位为 W/W）为

$$COP_{in} = Q_c / P_{in} \qquad (4-13)$$

对于开启式压缩机，其 COP_e 为

$$COP_e = Q_c / P_e \qquad (4-14)$$

（7）排气温度

压缩机的排气温度 T_d 可按式（4-15）计算：

$$T_d = T_s \left[p_d / p_s (1 + \delta_0) \right]^{(n-1)/n} \qquad (4-15)$$

式中：T_s——吸气终了温度，℃；

$\quad\quad p_d$——排气压力，MPa；

$\quad\quad p_s$——吸气压力，MPa；

$\quad\quad \delta_0$——吸、排气相对阻力损失；

$\quad\quad n$——压缩过程指数。

4.1.2.1 活塞式压缩机

活塞式压缩机属于容积式压缩机的一种，其结构主要有 V 形、W 形、S 形(扇形)高速多缸压缩机，转速一般为 900r/min ~ 1400r/min，气缸数目多为 2、4、6、8。压缩机的核心部件包括活塞、曲轴、连杆、吸气阀和排气阀。当原动机通过联轴器或者皮带带动曲轴旋转时，曲轴带动活塞进行往复运动，实现对制冷剂的吸入、压缩和排出。

单缸压缩机的结构如图 4-1 所示。

按压缩机的密封方式，可分为开启式、半封闭式和封闭式。半封闭式压缩机在结构上最明显的特征是电动机外壳和压缩机曲轴箱构成一个密闭空间，从而取消轴封装置，但是机体上开口处的盖板或气缸盖用螺栓紧固，便于拆卸、维修和更换零件。其可以利用吸入低温制冷工质蒸汽来冷却电动机绕组，改善了电动机的冷却条件。封闭式压缩机与半封闭式压缩机的不同点在于压缩机和电机组装在一个焊接成型的封闭蜗壳内，不可拆卸，比半封闭式压缩机的密封性能更好、结构紧凑、噪声低。

逆流式活塞压缩机的工作过程大体上可分为吸气过程、压缩过程、排气过程、膨胀过程，如图 4-2 所示。

(1)吸气过程[见图 4-2(a)]。当活塞向远离气缸底部方向运动时，由于吸气阀、排气阀均关闭，气缸内压力将逐渐降低，当气缸内压力低于吸气腔内压力与吸气阀弹簧力之差的时候，吸气阀被

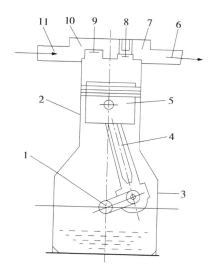

图 4-1　单缸压缩机结构示意图

1—曲轴；2—气缸体；3—曲轴箱；4—连杆；5—活塞；6—排气管；

7—排气腔；8—排气阀；9—吸气阀；10—吸气腔；11—吸气管

打开，气缸内吸入吸气腔的低温低压的制冷剂气体，直至活塞到达远止点。之后，活塞反向向气缸底部方向行进，导致气缸内压力升高，吸气腔与气缸压差逐渐降低。当两者压差小于吸气阀弹簧力的时候，吸气阀关闭，吸气过程结束。

（2）压缩过程［见图 4-2（b）］。活塞向气缸底部继续行进将进一步压缩气缸内制冷剂，当腔内压力高于排气腔内压力与排气阀弹簧力之和的时候，排气阀打开，压缩过程结束，开始排气。

（3）排气过程［见图 4-2（c）］。排气阀打开，活塞继续向气缸底部行进直至近止点，高温高压的制冷剂被排入排气腔。之后，活塞反向向远离气缸底部方向行进，导致气缸内压力降低，当压力降至小于排气腔内压力与排气阀弹簧力之和的时候，排气阀关闭，排气过程结束。

（4）膨胀过程［见图4-2（d）］。由于压缩机设计和加工的原因，压缩机排气过程中并不能将所有高压制冷剂排净，这样随着排气阀关闭活塞反向行进时，由于有制冷剂的存在，此时，腔体内的压力并不是马上降到很低导致吸气阀的打开，而是一个残留制冷剂压力逐渐降低膨胀的过程，直至气缸内压力低于吸气腔内压力与吸气阀弹簧力之差的时候，再一次吸气过程才开始。

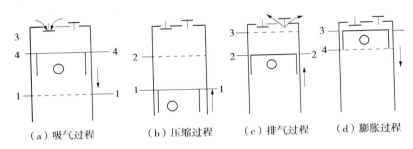

（a）吸气过程　　（b）压缩过程　　（c）排气过程　　（d）膨胀过程

图4-2　逆流式压缩机工作过程

活塞式压缩机是往复式容积压缩机的典型代表，是一种发展最早且至今还在大范围使用的压缩机机型。它的主要特点如下：

（1）能适应较宽的工况范围和容量要求。由于活塞压缩机的排气压力与制冷系统的冷凝压力直接相关，因此活塞压缩机能够在大范围变压缩比的工况下保持较高的压缩机指示效率。经过持续多年的研发与创新，活塞压缩机的制冷量范围已经拓展到0.5kW～500kW。

（2）零部件制作相对简单，不需要太高精度的数控机床。

（3）可以实现压缩级数的多级调节和变容量输出。

（4）压缩腔泄漏严重、容积效率较低和指示效率不高。

（5）往复式结构，输气不连续，排气压力波动较大，噪声和振动大。

（6）吸气阀和排气阀的设置限制了压缩机的转速，单机输气量增大时，会使机器显得笨重。

4.1.2.2　滚动转子式压缩机

滚动转子式压缩机主要由气缸、滚动转子、偏心轴和滑片等组成。滚动转子是圆环形结构，置于气缸内部，偏心轴插在转子中，转子与滑片紧密接触，将气缸容积分割成两个月牙形空间，即构成了压缩机的工作腔。在偏心轴旋转过程中，两个月牙形空间容积大小不断变化，滑片依靠背部的弹簧做反复伸缩运动，始终保持转子接触，将气缸分割成吸气腔和排气腔。吸气口所在腔体即为吸气腔，排气口所在腔体为排气腔，同活塞式压缩机一样，排气口处设置有排气阀，不同的是，转子压缩机并无吸气阀。

滚动转子式压缩机气缸结构如图 4 - 3 所示，气缸和偏心轴实物如图 4 - 4 所示。

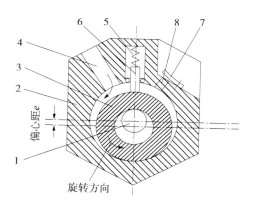

图 4 - 3　滚动转子式压缩机气缸结构图

1—偏心轮轴；2—气缸；3—滚动活塞；4—吸气孔口；5—弹簧；
6—滑片；7—排气阀；8—排气孔口

如图 4 - 5 所示，将转子与气缸的接触点 T 和气缸中心点 O 之间成直线 OT，用 OT 与滑片中心线的夹角 θ 来表示转子的运行状态。当 $\theta = 0$，此时，只有一个气腔。当 $\theta = \alpha$，即转子刚转过吸气口时，此时，吸气腔与吸气口连通，吸气过程开始；当转子从 α 转

图 4 - 4　气缸和偏心轴实物图

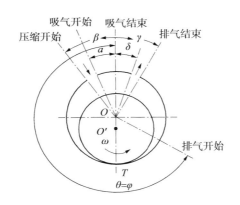

图 4 - 5　转子压缩机的工作过程

到 2π 的过程中，吸气腔容积是一个逐渐变大的过程，吸气口不断吸入低温低压制冷剂；当转角在 2π 至 $2\pi + \alpha$ 范围内时，此时，吸气腔容积在变小，吸气腔内部分制冷剂会倒流回吸气管内；当转至 $2\pi + \beta$，即转子刚好转过吸气口，此时，吸气口与滑片形成了新的吸气腔，与排气腔分割开来，压缩过程开始；随着压缩腔的容积不断缩小，直至转角 δ 时，此时排气腔内压力大于冷凝侧压力与排气阀弹簧力之和，使排气阀打开，排气开始；当转角 $\theta = 4\pi - \gamma$ 时，转子转至排气口，使排气口与排气腔和吸气腔双向导通，排气腔内的高压气体回流至吸气腔中；在 $\theta = 4\pi - \delta$ 时，排气腔与排气口分隔开，从 $4\pi - \delta$ 运转到 4π 的过程中，属于封闭容积内压缩，考虑到存在气体的泄漏和 δ 角度很小，压力实际上并不会存在达到无穷大的可能。

滚动转子式压缩机的特点如下：

（1）压缩机中吸气、排气、压缩三个过程是在主轴转 2 周才完成的，而实际上转子每转 1 圈，即完成一个吸气、排气和压缩的过程，只不过排气和压缩过程中的制冷剂是上一个循环中的吸气。

（2）压缩机吸气开始和结束是以转子在气缸中与吸气口的相对位置决定的，所以没有吸气阀的设置，有效降低了吸气阻力和无效过热度，有助于容积效率和指示效率的提高。

（3）结构简单、体积小、质量轻、零件少（特别是易损件少）、工作可靠。

（4）压缩机力矩变化小，平衡性好，振动小，运转平稳，实现了高速和小型化。

（5）转子与滑片、气缸为滑动密封，故加工精度要求较高，轴承、主轴、滚动活塞或滑片处一旦发生磨损，间隙增大，会对其性能产生明显的不良影响。

4.1.2.3　涡旋式压缩机

涡旋式压缩机的概念最早是由法国人 Leon Creux 于 1905 年提出来的，受限于涡旋体加工困难，轴向力不能很好平衡等原因，直到 20 世纪 70 年代高精度数控铣床的出现，才由美国 ADL 公司开发了涡旋式氦气压缩机，并应用在远洋海轮上。其后，日本三电和日立分别开发出了涡旋式汽车空调压缩机和柜式空调全封闭涡旋压缩机，并逐步向大容量机型拓展。

涡旋式压缩机主要由静涡盘、动涡盘、机体防自转环、主轴和机架构成，如图 4-6 所示。静涡盘和动涡盘是两个具有双函数方程型线的结构体，安装时两者对置相互啮合，中心线距离一个回转半径，相位差180°。涡线外侧设有吸气口，端板中心设有排气口，动涡盘由一个偏心距很小的曲柄轴驱动，并通过防自转机构约束，绕静涡盘做半径很小的平面运动，从而与端板配合形成一系列月牙形柱体工作容积。

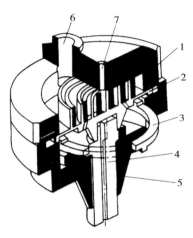

图4-6　涡旋式压缩机结构简图

1—静涡盘；2—动涡盘；3—十字滑环；4—主轴；5—机架；6—吸气口；7—排气口

　　涡旋式压缩机的工作过程如图4-7所示。当动涡盘中心位于静涡盘中心的右侧时，此时动涡盘的位置即为0°，如图4-7(a)所示，涡盘密封啮合线在左右两侧，靠涡盘间的四条啮合线，组成两个封闭空间，此时完成吸气过程，进入到压缩过程。当动涡盘顺时针方向转过90°时，两涡盘间的密封啮合线也转过90°，处于上、下位置，如图4-7(b)所示，涡盘外侧进行吸气过程，内侧进行排气过程。当动涡盘顺时针方向转至180°时，两涡盘的外、中、内侧分别进行吸气、压缩、排气过程，如图4-7(c)所示。动涡盘继续旋转至270°时，如图4-7(d)所示，内侧和中间部分的排气过程结束，外侧吸气过程继续进行。动涡盘继续转回到图4-7(a)位置，外侧吸气过程结束，内侧继续进行排气过程，如此反复。

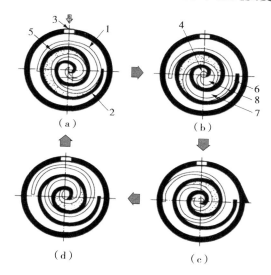

图4-7　涡旋式压缩机工作原理图

1—动涡盘；2—静涡盘；3—吸气口；4—排气口；

5—压缩室；6—吸气过程；7—压缩过程；8—排气过程

涡旋式压缩机的特点如下：

(1)结构简单、体积小、质量轻、易损件少、可靠性高。涡旋式压缩机构成压缩室的零件数目与滚动转子式、往复式压缩机的零件数目之比为1∶3∶7，所以它的结构相对简单，相同排量的情况下体积更小，重量更轻。涡旋式压缩机没有吸气阀和排气阀，易损件少。轴向、径向有可调的柔性机构，可在一定程度上避免液击造成的损失和破坏，使得它在运行时有较高的可靠性。

(2)无余隙气体膨胀，吸气过热很小，泄漏小，容积效率高。

(3)无气阀，流动损失小，动涡盘运转速度低，摩擦损失相对较小，机械效率高。

（4）吸排气过程主轴转角可达360°，吸排气过程连续，容积系数高，排气比较均匀，排气的压力脉动小，故振动小，噪声低。

（5）涡旋盘的包络线为高维曲线，需要高精度的加工设备和精确的装配技术。

4.1.2.4　螺杆式压缩机

螺杆式压缩机的理念最早由德国人 H. Krigar 在 1878 年提出，瑞典皇家工学院教授 Alf Lysholm 为燃气轮机的研究而开发出了螺杆式压缩机。经过多年的研发改进，螺杆式压缩机已经在大中容量冷冻冷藏、空调和化工领域有了广泛应用。根据螺杆数量的多少，螺杆式压缩机可分为单螺杆式压缩机和双螺杆式压缩机。单螺杆式压缩机是由一个转子和两个星轮组成，双螺杆式压缩机则是由一对阴阳转子组成。

（1）双螺杆式压缩机

双螺杆式压缩机主要是由机体、一对阴阳转子、平衡活塞、轴承、轴封、能量调节机构和吸排气端座等组成，如图 4－8 所示。阴阳转子在机体内平行放置，互相啮合，其上具有特殊的螺旋齿形，阳转子的转轴与原动机连接，称为主动转子，阴螺杆为从动转子。阳转子的吸气端装有平衡活塞，用于减轻由排气侧和吸气侧压力所造成的轴向推力。在转子的底部还设置有能量卸载滑阀，通过滑阀位置的控制实现双螺杆式压缩机的有级或者无极能量调节。

阴阳转子齿槽与机体内圆柱体面及端壁面构成了双螺杆式压缩机的工作容积，称为基元容积。随着转子轴线运动，两转子的接触线不断向排气端推进，基元容积逐渐缩小，基元内压力不断提高，从而实现对气体的压缩。整个工作过程可分为吸气过程、压缩过程、排气过程，如图 4－9 所示。

a）吸气过程［见图 4－9（a）］。当基元容积与吸气口连通时，由

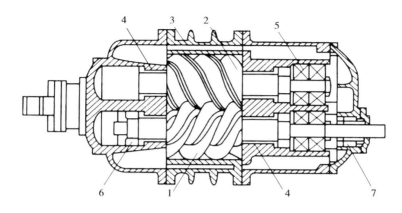

图 4 - 8　双螺杆式压缩机结构示意图

1—阳转子；2—阴转子；3—机体；4—滑动轴承；5—止推轴承；6—平衡活塞；7—轴封

（a）吸气过程　　　　　（b）压缩过程　　　　　（c）排气过程

图 4 - 9　双螺杆式压缩机工作过程

于齿的一端逐渐脱离啮合而形成了齿间容积，随着转子的旋转，齿间容积不断扩大，气体不断地被吸入，这一过程称为吸气过程。当转子旋转到一定角度时，齿间基元容积达到最大值，齿间容积在此位置与吸气口断开，吸气过程结束。

　　b）压缩过程［见图 4 - 9（b）］。随着转子的旋转，齿间容积由于转子齿的啮合而不断减小，基元内的气体体积也不断减小，气体受到压缩，压力逐渐升高，这就是压缩过程。这一过程将持续到基元容积即将与排气孔口连通之前。

c)排气过程[见图4-9(c)]。当基元容积和排气孔口连通时，即开始排气过程。随着转子进一步的旋转，基元容积不断缩小，这个过程一直持续到齿末端的型线完全啮合为止，此时基元容积为零。

一对阴阳转子可以组成多个基元容积，彼此间由空间密闭的啮合接触线所隔开。基元间的吸气过程、排气过程接替进行，循环往复。

双螺杆式压缩机具有以下特点：

a)动力平衡性好。由于未采用偏心机构，不使用吸排气阀，且轴承承重分布在转子两端，所以螺杆转子具有较高的转速，因此，它的单位制冷量的体积小、重量轻、占地面积小、输气脉动小。

b)可靠性高。双螺杆式压缩机零部件少，没有易损件，因而它运转可靠，寿命长。

c)适应性强。双螺杆式压缩机具有强制输气的特点，排气量几乎不受排气压力的影响，在宽广的范围内能保持较高的效率。

d)容积效率高。没有余隙容积，也不存在吸气阀片及弹簧阻力，因此容积效率较高。

e)造价高。转子齿面是一空间曲面，需要用特制的刀具和专用设备来加工。

(2)单螺杆式压缩机

单螺杆式压缩机的转动装置是由一个圆柱形螺杆和两个对称配置的平面星轮组成，如图4-10所示。螺杆螺槽、气缸和星轮齿顶面构成封闭的基元容积。正常工作时，原动机将动力传递到主轴上，由螺杆带动星轮旋转。随着转子和星轮不断地移动，基元容积的大小发生周期性的变化。

单螺杆式压缩机的工作过程可分为吸气过程、压缩过程、排气

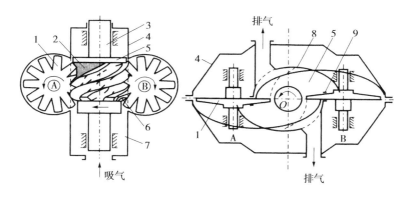

图 4 – 10　单螺杆式压缩机结构简图

1—星轮；2—排气孔口；3—主轴；4—机壳；5—螺杆；

6—转子吸气端；7—吸气孔口；8—气缸；9—孔槽

过程，如图 4 – 11 所示。

a)吸气过程［见图 4 – 11（a）］。当螺杆螺槽与吸气腔相通时，吸气过程开始，随着螺杆转动，吸气容积不断增大直到星轮轮齿将螺槽封闭前，容积达到最大，吸气结束。

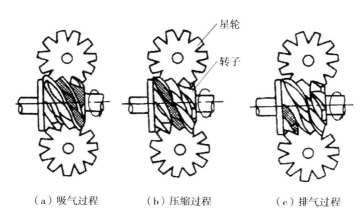

（a）吸气过程　　　（b）压缩过程　　　（c）排气过程

图 4 – 11　单螺杆式压缩机工作过程

b)压缩过程［见图 4 – 11（b）］。当螺杆继续旋转，螺杆螺槽内的气体容积不断减小，气体压力不断升高，直至齿间容积与排气孔口相通时，压缩过程结束。

c)排气过程[见图4-11(c)]。当齿间容积与排气孔口连通后，由于螺杆继续旋转，被压缩气体通过排气孔口排出，直至该星轮轮齿脱离该螺槽，排气过程结束。

单螺杆压缩机具有以下特点：

a)转子齿槽和星轮齿数为6∶11，磨损均匀。

b)压缩腔对称，压力可平衡抵消，部分负荷效率高。

c)排气孔口呈径向，轴向力可得到平衡。

d)容积效率高，压力脉动小。

e)省去了液压泵和油冷却器，装置结构更为紧凑简单。

4.1.3 换热器的选型与设计

换热器是蒸汽压缩式制冷系统中的主要部件，而蒸发器和冷凝器是换热器中两种基本的换热设备，实现了把热量从一个位置转移到另一个位置。对于空气源热泵系统来说，制冷时，制冷剂通过吸收室内的热量而实现在蒸发器中的气化，同时，也降低了室内房间温度，高温高压的制冷剂则通过冷凝器向室外空气中释放热量，实现制冷剂的冷凝和降温；制热时，冷凝器释放的热量传播到室内从而提高室内温度，蒸发器则通过吸收室外空气的低品位热源而实现管内制冷剂的气化。目前，空气源热泵主要有空气/空气热泵和空气/水热泵两种，对于空气/空气热泵来说，换热器主要有空气侧的翅片管式换热器，而对空气/水热泵系统来说，除了翅片管式换热器外，还有壳管式换热器、套管式换热器和板式换热器等水侧换热器。

4.1.3.1 风侧换热器

风侧换热器是指利用空气作为换热介质，采用自然对流或强制对流的方式，通过与空气的换热使管内制冷剂实现气化或冷凝的目的。翅片管式换热器是最常见的风侧换热器类型，被大量应用于中小型空调制冷装置中，主要是因为其对环境和其他配套设备的要求少，安装方便。

由于空气侧的对流传热系数远小于管内制冷剂的对流换热系数，所以需要在空气侧采用肋管来加大空气侧的换热面积，强化空气侧的传热。肋管一般采用铜管铝片、钢管钢片、铜管铜片或铝管铝片。目前，我国的空气源热泵厂家主要采用铜管铝片。换热铜管一般为圆形的光管和内螺纹管，其主要规格有 $\phi 5$、$\phi 7$、$\phi 7.94$、$\phi 9.52$ 和 $\phi 12.7$。翅片主要类型有平片、波纹片、冲缝片和开窗片等，翅片片距一般为 1.4mm ~ 3.2mm，翅片厚度为 0.1mm ~ 0.2mm。

换热管的排布主要有顺排和叉排两种，如图 4 - 12 所示，叉排管的空气扰动要大于顺排管，所以叉排管的传热系数也比顺排管高。翅片管式换热器在空气流动方向的管排数越多，进风阻力就越大，最内侧管排的换热效果就越差，管排数一般设置为 1 排 ~ 4 排。翅片管式换热器的排列方式一般有直立式、L 形、U 形、V 形和 W 形，小冷量机组大多采用直立式、L 形和 U 形布置加侧出风的结构，大中型冷量机组则大多采用 V 形和 W 形加顶出风的结构。

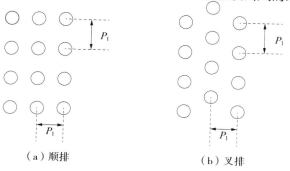

（a）顺排　　　　　　　　　（b）叉排

图 4 - 12　翅片换热管的排布方式
P_1—排间距

风侧换热器的换热量一般可按式(4-16)计算：

$$Q = K_m A \Delta T_m \tag{4-16}$$

式中：Q——总换热量，W；

K_m——平均传热系数，W/(m^2·K)；

A——换热面积，m^2；

ΔT_m——平均换热温差，℃。

如果已知总换热量 Q、平均传热系数 K_m 和平均换热温差 ΔT_m，就可以通过式(4-16)求得换热器的总的换热面积 A。

(1)平均换热温差的计算

对于逆流换热器，采用积分方式可推导出换热器的平均换热温差为对数平均温差，即

$$\Delta T_m = \frac{(T_{h,i} - T_{c,o}) - (T_{h,o} - T_{c,i})}{\ln \dfrac{(T_{h,i} - T_{c,o})}{(T_{h,o} - T_{c,i})}} \tag{4-17}$$

对于顺流换热器，换热器的对数平均温差按式(4-18)计算：

$$\Delta T_m = \frac{(T_{h,i} - T_{c,i}) - (T_{h,o} - T_{c,o})}{\ln \dfrac{(T_{h,i} - T_{c,i})}{(T_{h,o} - T_{c,o})}} \tag{4-18}$$

式中：$T_{h,i}$——热流体入口温度，℃；

$T_{h,o}$——热流体出口温度，℃；

$T_{c,i}$——冷流体入口温度，℃；

$T_{c,o}$——冷流体出口温度，℃。

换热器中两种流体的换热方式除了顺流和逆流外，还有叉流、错流等，为了更真实地反映不同流动方式偏离逆流换热的程度，引入温差修正系数 F 来修正平均换热温差 ΔT_m。F 的取值为 0.7～1.0，按式(4-19)计算：

$$F = F(换热器结构，P，R) \tag{4-19}$$

式中：P——换热器的热效率，其定义为式(4-20)：

$$P = \frac{T_{2,o} - T_{2,i}}{T_{1,o} - T_{2,i}} \qquad (4-20)$$

R——两种流体的热容比，其定义为式(4-21)：

$$R = \frac{C_2}{C_1} = \frac{c_{p,2} q_{m2}}{c_{p,1} q_{m1}} = \frac{T_{1,i} - T_{1,o}}{T_{2,o} - T_{2,i}} \qquad (4-21)$$

式中：C_1、C_2——热流体 1、2 的热容，J/K；

$\qquad c_{p,1}$、$c_{p,2}$——热流体 1、2 的比定压热容，J/(kg·K)；

$\qquad q_{m1}$、q_{m2}——热流体 1、2 的质量流量，kg/s；

$\qquad T_{1,i}$、$T_{2,i}$——热流体 1、2 的进口温度，℃；

$\qquad T_{1,o}$、$T_{2,o}$——热流体 1、2 的出口温度，℃。

（2）换热面积与平均换热系数的计算

按等边三角形叉排布置的翅片管式换热器，对每根换热管而言，其翅片形式相当于正六边形，因此，可以将管外翅片等价于正六边形来计算翅片管的换热面积和换热系数。

单位管长翅片的换热面积为 S_f：

$$S_f = \frac{2\left(P_t P_1 - \dfrac{\pi d_o^2}{4}\right)}{f_p} \qquad (4-22)$$

单位管长翅片间管面面积为 S_s：

$$S_s = \frac{\pi d_o (f_p - f_t)}{f_p} \qquad (4-23)$$

单位管长管内面积为 S_i：

$$S_i = \pi d_i \qquad (4-24)$$

单位管长翅片侧总换热面积为 S_{of}：

$$S_{of} = S_f + S_s \qquad (4-25)$$

翅片侧总换热面积为 A：

$$A = L N_1 N_2 S_{of} \qquad (4-26)$$

式中：P_t——管心距，m；

　　　P_1——排间距，m；

　　　d_o——换热管外径，m；

　　　d_i——换热管内径，m；

　　　f_p——翅片间距，m；

　　　f_t——翅片厚度，m；

　　　L——换热管迎风面长度，m；

　　　N_1——单排换热管数量；

　　　N_2——换热管排数。

　　由于翅片远离换热管主壁面的远端部分会深入到换热介质内部，且有换热热阻的存在，远端部分的温度会相对换热管主表面温度下降(冷流体)或上升(热流体)，从而导致远端部分换热温差小于主表面与流体的换热温差，导致换热量下降。因此，引入翅片效率(η_f)和表面效率(η_o)来表征这种影响，它们之间有如下关系：

$$A\eta_o = (A - A_f) + A_f\eta_f \tag{4-27}$$

式中：A——翅片侧总换热面积，m^2；

　　　A_f——翅片面积，m^2；

　　　η_o——表面效率；

　　　η_f——翅片效率。

　　对于连续翅片的翅片效率，有如下计算公式：

$$\eta_f = \frac{\tanh(md_o\phi)}{md_o\phi} \tag{4-28}$$

$$m = \sqrt{\frac{2h_o}{\lambda f_t}} \tag{4-29}$$

$$\phi = \left(\frac{d_{eq}}{d_o} - 1\right) \times \left[1 + 0.35\ln\left(\frac{d_{eq}}{d_o}\right)\right] \tag{4-30}$$

式中：d_{eq}——翅片当量外径，m；

h_o——换热管外流体的对流传热系数，W/(m² · K)；

λ_f——翅片导热系数，W/(m · K)。

对于圆筒壁外侧带翅片的结构，忽略污垢热阻和油膜热阻的影响，以外表面为基准的简化的总传热系数 K 按式(4-31)计算：

$$\frac{1}{KA} = \frac{1}{h_i A_i} + \frac{\ln\left(\dfrac{d_o}{d_i}\right)}{2\pi L N_1 N_2 \lambda} + \frac{1}{h_o A \eta_o} \qquad (4-31)$$

式中：K——总传热系数，W/(m² · K)；

h_i、h_o——换热管内、外流体的对流传热系数，W/(m² · K)；

λ——换热管壁的导热系数，W/(m · K)；

A_i——换热管内表面积。

换热管内流体的对流传热系数 h_i 可按式(4-32)计算：

$$h_i = \frac{Nu_r \lambda_r}{d_i} \qquad (4-32)$$

式中：λ_r——制冷剂导热系数；

Nu_r——制冷剂侧的努塞尔数。

由于管内单相流体的流动大都处于充分发展的紊流状态，其努塞尔数 Nu_r 的计算关联式用得较多的有 Dittus - Boelter 和 Gnielinski。

Dittus - Boelter 的计算公式如下，适应范围为 $Re_r > 10^4$，$Pr = 0.7 \sim 160$。

$$Nu_r = 0.023 Re_r^{0.8} Pr^{0.3} \qquad (4-33)$$

$$Re_r = \frac{G_r d_i}{\mu_r} \qquad (4-34)$$

$$Pr = \frac{\mu_r c_p}{\lambda_r} \qquad (4-35)$$

式中：Re_r——制冷剂侧的雷诺数；

Pr——制冷剂侧的普朗特数；

G_r——制冷剂的质量流密度，kg/(m^2 · s)；

μ_r——制冷剂的动力黏度，Pa · s；

C_p——制冷剂的比定压热容，J/(kg · K)。

Gnielinski 的计算公式如下，适应范围为 $Re_r=2300\sim10^6$，$Pr=0.6\sim10^5$。

$$Nu_r=\frac{\frac{f_r}{8}(Re_r-1000)Pr}{1+12.7\sqrt{\frac{f_r}{8}}(Pr^{\frac{2}{3}}-1)}\left[1+\left(\frac{d_i}{L}\right)^{\frac{2}{3}}\right]c_t \tag{4-36}$$

式中：f_r——管内紊流流动的 Darcy 阻力系数；

$1+\left(\frac{d_i}{L}\right)^{\frac{2}{3}}$——入口效应的修正系数；

c_t——温度修正系数。

对于水平光滑管，两相区的努塞尔数 Nu_r 可以用 Shah 关联式来求解：

$$Nu_r=Nu_l\left[(1-x)^{0.8}+\frac{3.8x^{0.76}(1-x)^{0.04}}{\left(\frac{p}{p_{crit}}\right)^{0.38}}\right] \tag{4-37}$$

$$Nu_l=0.023Re_l^{0.8}Pr_l^{0.3} \tag{4-38}$$

式中：Nu_l——液相制冷剂流动时的努塞尔数；

Re_l——液相制冷剂流动时的雷诺数；

Pr_l——液相制冷剂流动时的普朗特数；

x——两相区制冷剂干度；

p——两相区制冷剂压力；

p_{crit}——制冷剂临界压力。

换热管外流体的对流传热系数即空气侧翅片的传热系数 h_o 可用西安交通大学的李妩等人提出的一组综合关联式计算，见表 4-2 及式(4-39)~式(4-41)。

表 4 - 2　努塞尔关联式

翅片形式	努塞尔关联式
平直形	$Nu_a = 0.982 Re_a^{0.424} \left(\dfrac{f_p}{d_b} \right)^{-0.0887} \left(\dfrac{N_2 P_1}{d_b} \right)^{-0.159}$
开缝形	$Nu_a = 0.772 Re_a^{0.477} \left(\dfrac{f_p}{d_b} \right)^{-0.363} \left(\dfrac{N_2 P_1}{d_b} \right)^{-0.217}$
三角形波纹	$Nu_a = 0.687 Re_a^{0.518} \left(\dfrac{f_p}{d_b} \right)^{-0.0935} \left(\dfrac{N_2 P_1}{d_b} \right)^{-0.199}$
正弦波纹形	$Nu_a = 0.274 Re_a^{0.556} \left(\dfrac{f_p}{d_b} \right)^{-0.202} \left(\dfrac{N_2 P_1}{d_b} \right)^{-0.0372}$

$$h_o = \frac{Nu_a \lambda_a}{d_e} \qquad (4-39)$$

$$d_b = d_o + 2 f_t \qquad (4-40)$$

$$d_e = \frac{2(P_t - d_b)(f_p - f_t)}{(P_t - d_b) + (f_p - f_t)} \qquad (4-41)$$

式中：Nu_a——空气努塞尔数；

　　　　Re_a——空气雷诺数；

　　　　λ_a——空气的导热系数，W/(m·K)；

　　　　d_e——空气流通面当量直径，m；

　　　　d_b——翅根直径，m。

4.1.3.2　水侧换热器

对于空气/水热泵系统来说，室外侧换热器一般为管翅式换热器，室内侧换热器为水-冷媒换热器。对于中小型热泵机组来说，水-冷媒换热器的类型主要有壳管式换热器、套管式换热器和板式换热器等。

（1）壳管式换热器

又称为列管式换热器，主要是由壳体、管束、折流挡板和封头等组成，一种流体在管内流动，其行程称为管程，另一种流体在管

49

外流动，其行程称为壳程。按形式分为固定管板式、浮头式、U 形管式换热器（见图 4 - 13），按结构分为单管程、双管程和多管程。在制冷用壳管式换热器中根据管程和壳程流体的不同，又分为干式换热器和满液式换热器，制冷剂走管程、载冷剂走壳程的称为干式换热器，反之，制冷剂走壳程、载冷剂走管程的称为满液式换热器。

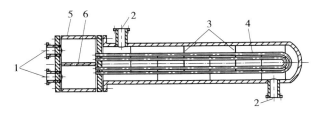

图 4 - 13 U 形管式换热器

1—制冷剂进出口；2—载冷剂进出口；3—折流挡板；

4—换热管；5—管箱；6—分程隔板

对于小型制冷用壳管式换热器的设计，一般采用对数平均温差法（KA - LMTD - F），因此，换热器设计的关键是计算总传热系数 K 值和温度修正系数 F 值。下面以 U 形管式干式换热器的设计计算为例进行介绍说明。

换热管内外侧的换热量相等，其总的换热量计算公式如式（4 - 42）和式（4 - 43）：

$$Q = K_m A_o \Delta T_m \qquad (4 - 42)$$

$$A_o = \pi d_o n (L - \delta) \qquad (4 - 43)$$

式中：Q——总换热量，W；

K_m——平均传热系数，W/（$m^2 \cdot K$）；

ΔT_m——平均换热温差，℃。

A_o——换热管外表面积，m^2；

d_o——换热管外径，m；

n——换热管数量；

L——换热管长度，m；

δ——管板厚度，m。

壳管式换热器的换热管一般为光管或微肋管，由于微肋管的肋化比较低，因此可将微肋管的表面效率按照 1 来处理。忽略流体的污垢热阻，则壳管式换热器的总传热系数 K 按式（4 – 44）计算：

$$\frac{1}{KA_o} = \frac{1}{h_i A_i} + \frac{\ln\left(\dfrac{d_o}{d_i}\right)}{2\pi(L-\delta)n\lambda} + \frac{1}{h_o A_o} \qquad (4-44)$$

式中：h_i、h_o——换热管内、外流体的对流传热系数，W/（m² · K）；

　　　　λ——换热管壁的导热系数，W/（m · K）；

　　　　d_i——换热管内径，m；

　　　　A_i——换热管内表面积，m²。

对于传热管内流体的对流传热系数 h_i 的计算式和 4.1.3.1 中介绍的翅片管式换热器中的管内流体的传热系数计算方法一样。对于传热管外流体的对流传热系数 h_o 的计算的情况较为复杂，需要区分为有折流挡板和无折流挡板，流体流动形式为湍流、过渡流还是层流。

换热管的排列方式有正方形和等边三角形两种，如图 4 – 14 所示。与正方形相比，等边三角形排列比较紧凑，管外流体湍动程度高，表面传热系数大。正方形排列虽比较松散，传热效果也较差，但管外清洗方便，对易结垢流体更为适用。

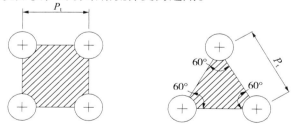

图 4 – 14　换热管的两种排列方式

P_t—换热管中心距

壳侧流体的当量直径 d_{es} 按式(4-45)计算：

$$d_{es} = \begin{cases} \dfrac{4\left(P_t^2 - \dfrac{\pi d_o^2}{4}\right)}{\pi d_o} = \dfrac{1.27 P_t^2}{d_o} - d_o & \text{正方形排管} \\[4mm] \dfrac{4\left(\dfrac{P_t}{2} \times \dfrac{\sqrt{3}\,P_t}{2} - \dfrac{1}{2} \times \dfrac{\pi d_o^2}{4}\right)}{\dfrac{\pi d_o}{2}} = \dfrac{1.10 P_t^2}{d_o} - d_o & \text{正三角形排管} \end{cases} \quad (4-45)$$

式中：P_t——换热管中心距。

a)壳程无折流挡板时，管外侧的传热系数计算式如下：

①当流体处于湍流状态时，可用 Dittus-Boelter 关联式计算传热系数：

$$h_o = 0.023 \frac{\lambda_o}{d_{es}} Re_o^{0.8} Pr^{0.3} \quad (4-46)$$

式中：λ_o——管外侧流体的导热系数，W/(m·K)；

Re_o——管外侧流体的雷诺数。

式(4-46)的应用范围为 $\mu_o < 2\mu_a$（μ_o 为管外侧流体的黏度，μ_a 为常温下水的黏度、$Re_o > 10000$、$0.7 < Pr < 120$。当 $\dfrac{L}{d_{es}} \leqslant 60$ 时（L 为换热管长度），应将式(4-46)乘以修正系数 $\left[1 + \left(\dfrac{d_{es}}{L}\right)^{0.7}\right]$。

②当流体处于过渡流时，可将式(4-46)乘以系数 ϕ，即可得到过渡流时的传热系数：

$$\phi = 1 - \frac{6 \times 10^5}{Re_o^{1.8}} \quad (4-47)$$

$$h_{过渡流} = \phi h_{湍流} \quad (4-48)$$

式(4-48)的应用范围为 $2300 < Re_o < 10000$。

③当流体处于层流状态时，可用 Sieder-Tate 关联式计算传热

系数：

$$Nu_o = 1.86\, Re_o^{\frac{1}{3}}\, Pr^{\frac{1}{3}} \left(\frac{d_{es}}{L}\right)^{\frac{1}{3}} \left(\frac{\mu_o}{\mu_w}\right)^{0.14} \qquad (4-49)$$

式中：Nu_o——管外侧流体努塞尔数；

$\quad d_{es}$——壳侧流体当量直径，m；

$\quad L$——换热管长度，m；

$\quad \mu_o$——管外侧流体黏度，Pa·s；

$\quad \mu_w$——流体在壁面温度下的强力黏度，Pa·s。

式（4-49）的应用范围为 $Re_o < 2300$、$0.6 < Pr < 6700$、$Re_o Pr \dfrac{L}{d_{es}} > 100$。

b）壳程有折流挡板时，管外侧的传热系数可用 Kern 关联式来计算：

$$Nu_o = 0.36\, Re_o^{0.55}\, Pr^{\frac{1}{3}} \left(\frac{\mu_o}{\mu_w}\right)^{0.14} \qquad (4-50)$$

式（4-50）的应用范围为 $2000 < Re_o < 10^6$。

计算出 h_o 和 h_i 后，即可算出壳管总的总传热系数 K。换热温差采用对数平均温差法，并加入温度修正系数 F。

$$\Delta T_m = \frac{\Delta t_2 - \Delta t_1}{\ln \dfrac{\Delta t_2}{\Delta t_1}} F \qquad (4-51)$$

式中：ΔT_m——平均换热温差，℃；

$\quad \Delta t_2$——较大温度差，℃；

$\quad \Delta t_1$——较小温度差，℃。

在错流和折流换热器中，温度分布较复杂，不能以简单的顺流和逆流来计算进出口温差，需要在逆流平均温差的基础上乘以温度修正系数 F，而 F 值可通过查询 $P-R$ 图表或者公式计算求得。

（2）套管式换热器

这种换热器在中小型热泵和热水机组中应用较多，其结构如图4－15所示，用一根大直径的金属管，内部嵌套一根或数根小直径铜管（一般为低肋管），套管整体弯制成螺旋状。载冷剂在中间的管内流动，制冷剂在小管与大管的间隙中流动。套管式换热器具有耐压抗震、不易变形、耐脏耐垢、不易泄漏堵塞、布置方便的特点。

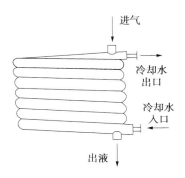

图4－15　套管作冷凝器时的示意

关于套管式换热器内外管传热系数的研究众多，有许多学者提出了不同的计算传热系数的关联式，Dittus－Boelter关联式就是其中之一，管内载冷剂和管外制冷剂的计算均可用此式。

（3）板式换热器

这是一种高效、紧凑型的换热器，由一系列互相平行、具有波纹表面的薄金属板相叠而成，各种板片之间形成薄矩形通道，通过板片进行热量交换。板式换热器具有换热效率高、热损失小、结构紧凑轻巧、占地面积小、安装清洗方便、使用寿命长等特点。

板式换热器的基本结构如图4－16所示，板片是传热单元，一般由0.6mm～0.8mm的金属板压制成波纹状，波纹板片上贴有密封垫圈。板片按设定的数量和顺序安放在固定压紧板和活动压紧板之间，然后用旋紧螺杆和螺母压紧，上、下导杆起着定位和导向作用。固定压紧板、活动压紧板、导杆、旋紧螺杆、螺母、支撑导杆可统称为板式换热器的框架，众多的板片、垫片可称为板束。

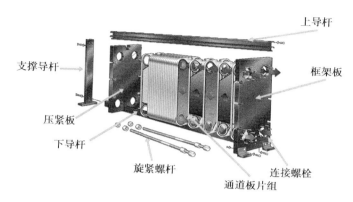

图 4 – 16 板式换热器的基本结构图

传热板片是板式换热器的核心部件，各传热板片按一定的顺序相叠即形成板片间的流道，冷、热流体在板片两侧各自的流道内流动，通过板片进行热交换。一般板片的表面呈波纹状，流体流向与波纹垂直，或呈一定的倾斜角，波纹的断面形状有三角形、梯形、圆弧形和阶梯形，还可以有不同形状的组合，如图 4 – 17 所示。

板式换热器传热的基本方程为

$$Q = KA\Delta T_{\mathrm{m}} \tag{4 – 52}$$

式中：Q——总换热量，W；

K——总传热系数，W/（m^2·K）；

ΔT_{m}——平均换热温差，℃。

A——换热管外表面积，m^2。

a）总传热系数 K 按式（4 – 53）计算：

$$K = \left(\frac{1}{\alpha_1} + R_1 + \frac{\delta_{\mathrm{p}}}{\lambda_{\mathrm{p}}} + R_2 + \frac{1}{\alpha_2} \right)^{-1} \tag{4 – 53}$$

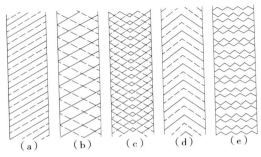

图 4 - 17   板片波纹及流道类型图

(a)平直平行倾斜波纹板片流道；(b)平直交叉倾斜波纹板片流道；

(c)交叉人字形(V形)波纹板片流道；(d)平行人字形(V形)波纹板片流道；

(e)多V人字波纹板片旋流式流道

式中：α_1、α_2——板片两侧的传热膜系数，$W/(m^2 \cdot K)$；

R_1、R_2——板片两侧污垢系数；

δ_p——板片厚度，m；

λ_p——板片导热系数，$W/(m \cdot K)$。

b)流体在板式换热器的通道中流动时，在湍流条件下，通常用式(4 - 54)计算流体沿整个流程的平均对流传热系数：

$$Nu_f = C\, Re_f^n\, Pr_f^m \tag{4 - 54}$$

式中：Nu_f、Re_f、Pr_f——板式换热器通道中流体的努塞尔数、雷诺数、普朗特数；

C——系数，由实验和相关经验参数确定；

n、m——指数，由实验和相关经验参数确定。

如果流体的黏度变化很大，则可采用 Sieder - Tate 关联式计算传热系数：

$$Nu_f = C\, Re_f^n\, Pr_f^m \left(\frac{\mu_f}{\mu_w}\right)^{0.14} \tag{4 - 55}$$

式中：μ_f——流体的动力黏度，$Pa \cdot s$；

μ_w——流体在壁面温度下的动力黏度，$Pa \cdot s$。

当流体被加热时，$m = 0.4$；被冷却时，$m = 0.3$。其中 C、n 的值随板片、流体和流动类型的不同而不同。

Marriott J 对式（4 − 55）给出了适用范围：$m = 0.3 \sim 0.45$，$C = 0.15 \sim 0.4$，$n = 0.65 \sim 0.85$。

对于牛顿型层流换热时，可采用 Sieder − Tate 关联式计算传热系数：

$$Nu_f = C \left(Re_f Pr_f \frac{d_e}{L}\right)^n \left(\frac{\mu_f}{\mu_w}\right)^x \tag{4 − 56}$$

式中：$C = 1.86 \sim 4.50$；

　　　$n = 0.25 \sim 0.33$；

　　　$x = 0.1 \sim 0.2$。

在计算 Re 数值时，所采用的当量直径 d_e 应按式（4 − 57）计算：

$$d_e = \frac{4 A_s}{S} \tag{4 − 57}$$

式中：A_s——通道截面积，m^2；

　　　S——参与传热的周边长，m。

在一般情况下，常用式（4 − 58）计算当量直径 d_e：

$$d_e = \frac{4 A_s}{S} \approx \frac{4b\delta}{2b} = 2\delta \tag{4 − 58}$$

式中：b——板间的通道宽度，m；

　　　δ——板间距，m。

对于某些特殊结构的板式换热器，板片两侧的通道截面积并不相同（称为非对称型结构），这时两侧的当量直径应分别计算。

c）换热管外表面积按式（4 − 59）计算：

$$A = N_e A_0 = (N - 2) A_0 \tag{4 − 59}$$

式中：A——换热管外表面积，m^2；

　　　A_0——换热器换热面积，m^2；

N_e——有效传热板板片数；

N——总传热板板片数。

d）平均换热温差 ΔT_m 按式（4-60）计算：

$$\Delta T_m = F \frac{\Delta t_{max} - \Delta t_{min}}{\ln \dfrac{\Delta t_{max}}{\Delta t_{min}}} \qquad (4-60)$$

式中： Δt_{max}、 Δt_{min}——逆流换热时冷热两流体端部温差的最大值和
最小值，℃；

F——对数平均换热温差的修正系数，反应因流程
组合不同，导致冷热流体流动方向有异于纯
逆流时的差异。

4.1.4 节流装置的选型

节流装置在制冷系统中的作用主要有两个：一是提供大的压
降，使得制冷剂以较低的温度和较小的压力进入蒸发器；二是控制
制冷剂流量，既能够保证进入压缩机的制冷剂有一定的过热度，避
免压缩机湿压缩，又能够使得蒸发器最大程度地被利用。

空气源热泵机组常用的节流装置主要有毛细管、热力膨胀阀和
电子膨胀阀，其主要类型如图4-18所示。

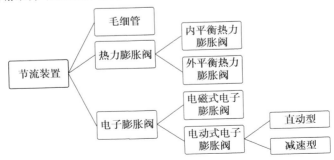

图4-18　制冷节流装置的主要类型

（1）毛细管

毛细管是制冷系统中常用的节流装置，一般用于冰箱、家用空调和部分商用空调机组中，它结构简单、运行可靠，但适应负荷变化的能力较差。毛细管一般为平均直径 0.6mm ～ 2.5mm、长度 0.5m ～ 5m 的紫铜管。

在内径及长度已确定后，毛细管的流量主要受进、出口两侧即高、低压两端压力差大小的影响，与来液过冷度大小、含闪发气体多少以及管弯曲程度、盘绕圈数等也有关。因此机组系统一定时，不能任意改变工况或更换任意规格的毛细管。据有关实验表明，在同样工况和同样流量条件下，毛细管的长度与其内径的 4.6 次方近似成正比。毛细管入口压力一定时，当制冷剂在毛细管内的流速超过临界速度时，毛细管出口压力不再对制冷剂流量产生影响，此时流动发生壅塞，临界速度点的压力称为壅塞压力。

制冷剂在毛细管内的流动可以用均相流模型来近似表示，即假设气、液两相之间均匀混合，温度相同，速度也相同。制冷剂在绝热毛细管内流动的基本控制方程如下：

连续性方程：

$$q_m = \frac{\pi D^2 M}{4} = 常数 \qquad (4-61)$$

能量方程（绝热）：

$$h + \frac{M^2 v^2}{2} = 常数 \qquad (4-62)$$

动量方程：

$$-\mathrm{d}p = M^2 \mathrm{d}v + \frac{M^2 vf}{2D}\mathrm{d}L \qquad (4-63)$$

式中：p、v、q_m、M——流体的压力（Pa）、比体积（m³/kg）、质量流量（kg/s）和质量通量[kg/（m² · s）]；

D、L——管内径(m)和长度(m);

f——沿程摩擦阻力系数;

h——流体焓值,kJ/kg。

管内的摩擦阻力系数f的计算可利用 Churchill 提出的方程式:

$$f = 8 \left[\left(\frac{8}{Re} \right)^{12} + \frac{1}{(A + B)^{3/2}} \right]^{1/12} \qquad (4-64)$$

$$A = \left\{ 2.457 \ln \left[\frac{1}{\left(\frac{7}{Re} \right)^{0.9} + 0.27 \left(\frac{\varepsilon}{D} \right)} \right] \right\}^{16} \qquad (4-65)$$

$$B = \left(\frac{37530}{Re} \right)^{16} \qquad (4-66)$$

$$Re = \frac{MD}{\mu} \qquad (4-67)$$

式中:ε——管壁绝对粗糙度,μm;

μ——制冷剂的动力黏度,Pa·s。

将制冷剂在管内的流动沿管长划分为若干微元,对每一个微元的质量方程、能量方程和动量方程分别进行迭代求解,即可在已知质量流量的条件下计算出需求毛细管的长度,也可在已知毛细管长度的条件下计算出制冷剂循环流量。

(2)热力膨胀阀

热力膨胀阀在风冷式冻结间、制冷装置、冰激凌保藏箱以及空调装置中被普遍使用,其优点是蒸发器负荷变化时,可以自动调节制冷剂液体的流量,以及控制蒸发器出口处制冷剂的过热度。按照平衡方式的不同,热力膨胀阀可分为内平衡式和外平衡式两种。

a)内平衡式热力膨胀阀。其工作原理如图 4-19 所示,主要由阀芯、阀座、弹性金属膜片、弹簧、感温包和调整螺丝等组成。

图 4-19 中几个压力参数点的说明:

p_1——阀后制冷剂的压力,作用于膜片下部,使阀门向关闭方向移动；

p_2——弹簧作用力，也施加于膜片下方，使阀门向关闭方向移动，其作用力大小可通过调整螺丝调整；

p_3——感温包内制冷剂的压力，作用在膜片上部，使阀门向开启方向移动，其大小取决于感温包内制冷剂的性质和蒸发器出口的温度。

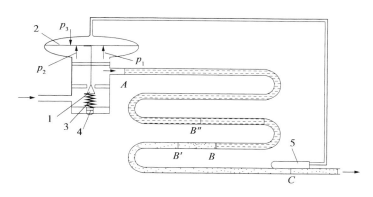

图 4 – 19　内平衡式热力膨胀阀工作原理图

1—阀芯；2—弹性金属膜片；3—弹簧；4—调整螺丝；5—感温包

通过受力分析可知：$p_1 + p_2 = p_3$，当制冷剂的流量处于稳定状态时，此时受力平衡，膜片不动，阀芯位置不动，阀门开度一定。当循环系统条件发生变化使蒸发器负荷减小时，阀内制冷剂流速变小，制冷剂达到饱和状态点的位置移至 B'，此时感温包处的温度将降低，致使 $p_1 + p_2 > p_3$，膜片会向上移动，阀门关小，制冷剂的循环量变小，受力达到新的平衡。反之，当循环系统条件改变使蒸发器的负荷增加时，阀内制冷剂流速变大，制冷剂达到饱和状态点的位置前移至 B''，此时感温包处的温度将高于平衡时的温度，致使 $p_1 + p_2 < p_3$，膜片向下移动，阀门开大，制冷剂的循环量变大。

b)外平衡式热力膨胀阀。当蒸发盘管较细或管长相对较长时，因制冷剂流动阻力较大，此时若使用内平衡式热力膨胀阀，由于蒸发器出口较入口有较大压损，而受力平衡中用的是蒸发器入口处的压力，这将使阀的调节开度偏小，蒸发器出口制冷剂的过热度偏大，蒸发器的传热面积不能被有效利用，此时应采用外平衡式热力膨胀阀。

外平衡式热力膨胀阀的工作原理如图4-20所示。从图4-20中可以看出，外平衡式热力膨胀阀的构造与内平衡式热力膨胀阀基本相同，只是弹性金属膜片下部空间与膨胀阀出口互不相通，而是通过一根小口径平衡管与蒸发器出口相连，这样的设置保证了膜片下部承受的是蒸发器出口的制冷剂压力，从而消除了蒸发器内制冷剂流动阻力的影响。

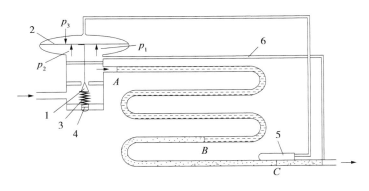

图4-20　外平衡式热力膨胀阀工作原理图

1—阀芯；2—弹性金属膜片；3—弹簧；4—调整螺丝；5—感温包；6—平衡管

c）热力膨胀阀的选配。热力膨胀阀与系统不匹配时，会使系统的制冷剂流量时多时少。当制冷剂流量过小时，会使蒸发器供液不足，产生过大过热度，导致压缩机吸气温度过高和不能充分发挥蒸发器的作用；当制冷剂流量过大时，间歇性的使蒸发器供液过量，导致压缩机的吸气压力出现剧烈波动，甚至会出现液态制冷剂进入压缩机，引起液击的现象，不利于压缩机长期可靠运行。

装有热力膨胀阀的系统要长期稳定运行，就要选择合适的热力膨胀阀型号。热力膨胀阀的选型一般可依据以下几点原则：

①确定系统的制冷剂种类。

②确定换热器的蒸发温度，冷凝温度及膨胀阀前的制冷剂温度。

③确定热力膨胀阀进出口的压力差。

④确定膨胀阀的容量，家用空调系统一般选择膨胀阀的容量为系统额定制冷制热量的120%~140%。

⑤通过相关的经验关联式对热力膨胀阀的流量 q_m 进行计算：

$$q_m = C_D A_v \sqrt{(p_{vi} - p_{vo})/v_{vi}} \qquad (4-68)$$

$$C_D = 0.02005 \sqrt{\rho_{vi}} + 6.34 v_{vo} \qquad (4-69)$$

式中：q_m——制冷剂流量，kg/s；

p_{vi}、p_{vo}——膨胀阀进、出口压力，Pa；

v_{vi}、v_{vo}——膨胀阀进、出口制冷剂的比体积，m^3/kg；

A_v——膨胀阀的通道面积，m^2；

C_D——流量系数；

ρ_{vi}——膨胀阀进口制冷剂密度，kg/m^3。

（3）电子膨胀阀

电子膨胀阀是利用电信号直接控制膨胀阀上的电流或电压来改变针阀运动的节流装置，反应灵敏准确，流量控制范围大，可以预先设定程序，依照系统实际工作时的循环系统部件信号进行控制。按执行机构的形式不同分为电磁式和电动式两类，其中电动式电子膨胀阀又可以分为直动型和减速型。

电磁式电子膨胀阀的阀针开度取决于阀体内线圈上施加的电压，通过改变线圈上的控制电压改变阀针开度，从而调节进入蒸发器的制冷剂流量。电动式电子膨胀阀采用步进电机驱动，直动型是由步进电机直接带动阀针，当步进电机定子绕组的通电状态按照一定的逻辑关系每改变一次，其转子便转过一个角度，改变步进电机定子绕组的通电顺序，转子的旋转方向随之改变，通过螺纹的传递作用，推动阀针上升或下降，从而调节进入蒸发器的制冷剂流量。减速型的原理和直动型基本相同，只是前者增加了一个减速齿轮组，其作用是放大电磁力矩，以满足不同流量范围的调节需要。

电子膨胀阀的选型与计算与热力膨胀阀一样，采用孔板模型，区别在于电子膨胀阀的开度是通过预设程序根据过热度来控制调节的。

4.1.5　四通阀的选型

四通阀是方向控制阀的一种，在空气源热泵系统中能够改变制冷剂的流向，以实现制冷和制热模式的转换，从而使同一台空调能够实现在夏天制冷、冬天制热。在冬天制热室外机翅片结霜时，也可以通过四通阀换向逆循环来除霜。

四通换向阀由三部分组成：四通气动换向阀（主阀）、电磁换向阀（控制阀）和毛细管。主阀内由滑块、活塞组成活动阀芯，主阀阀体两端有通孔可使两端的毛细管与阀体内空间相连通，滑块两端分别固定有活塞，活塞两边的空间可通过活塞上的排气孔相通。控制阀由阀体和电磁线圈组成，阀体内有针形阀芯。电磁线圈可以拆卸，主阀与控制阀及毛细管焊接成一体。主阀与控制阀之间有四根毛细管相连，形成四通换向阀的整体。

四通阀是由控制阀驱动，使主阀阀体内两侧产生压力差从而使滑块做左右水平方向移动，以达到改变气体制冷剂流向的目的。控制阀在断电时是利用弹簧推动控制阀中的阀块（芯）使其向左移动，在通电时线圈激磁产生的电磁力驱动控制阀中的阀块（芯）并使其右移，并在主阀块（芯）两侧产生压力差从而驱动主阀。

四通阀在选型设计时，应遵守以下几点原则：

（1）确定系统的制冷剂种类。

（2）四通阀的容量要与空气源热泵的制冷量、制热量一致。若四通阀容量选得比热泵小，会引起制冷剂流动时产生较大的压力损失；若容量选得过大，制冷剂通过活塞上的小孔的泄漏量就会增大，使活塞的推动力不足。

（3）确保最大动作压差和最小动作压差下都能正常工作，最低电压下能正常换向。

4.1.6　水泵的选型

水泵的选型主要考虑两方面，即流量和扬程。在热水系统中水泵可分为三类：机组循环泵、热水增压泵和水箱连通泵。

4.1.6.1　机组循环泵的选型

（1）机组循环泵流量的计算

机组循环流量是由技术部门在研发机组时设计好的，在工程计算时略有不同，下面结合工程设计对本部分内容进行介绍。在工程设计中，需要给循环机组配置水泵（即循环泵）来对水箱中的水进行循环加热，其中主要有两种工程形式：

a）一台循环机组配置一台水泵，即一机一泵。对这种情况机组循环流量与循环管径即为样本中所标明的循环流量和接管管径。

在实际设计中，往往会碰到这种情况：某新机型样本中尚未标明，无法从产品样本中得知循环流量与接管管径。当碰到这种情况时，流量按式（4-70）估算：

$$q_V = Q_{制热} \times 0.172 \times 1.2 \qquad (4-70)$$

式中：q_V——流量，m^3/h；

$Q_{制热}$——机组制热量，kW；

1.2——安全系数；

0.172——制热量转换流量转换系数，$m^3/(h \cdot kW)$。

b)多台循环机组共用一台水泵，即多机一泵。对这种情况，机组循环流量按式(4-71)计算：

$$q_V' = q_V \times N \qquad (4-71)$$

式中：q_V'——循环总流量，m^3/h；

q_V——机组循环流量，m^3/h；

N——机组数量。

(2)机组循环泵扬程的计算

$$H = Z + p + 0.1L \qquad (4-72)$$

式中：H——水泵所需扬程，m；

Z——机组底部与水箱底部的高度差，m；

p——机组换热器的水压降(咨询厂商)，$kPa(1kPa = 0.1m)$；

L——循环管路的长度，m。

根据经验，机组循环泵扬程一般选10m左右。

4.1.6.2 热水增压泵的选型

(1)热水增压泵流量的计算

结合以往设计经验及一些资料文献，归类以下三种计算方法。

a)根据使用场所的使用时间来计算：

$$q_V = \frac{M}{T} \times T' \times 1.3 \qquad (4-73)$$

式中：q_V——热水出水流量，m^3/h；

M——水箱吨位，m^3；

T——使用场所的使用时间，h(在热水定额表中可查)；

T'——每日高峰用水量计算时间，h(一般取4h)；

1.3——小时变化系数。

　　b）根据使用场所的用水点数量来计算：

$$q_v = q'_v \times N \times 60 \div 1000 \times K \qquad (4-74)$$

式中：q_v——热水出水流量，m^3/h；

　　　　q'_v——单用水点用水量，L／min（一般为 5L／min）；

　　　　N——用水点数量；

　　　　K——同时使用率，一般取 30%～40%，学校等集中供水

　　　　　　取 70%；

60、1000——流量单位转换系数。

　　c）根据使用场所预留的冷热水管管径来计算，即已知冷热水管管径，用管径大小来推算流量：

$$q_v = \left(\frac{D}{1000}\right)^2 \times 5652 \qquad (4-75)$$

式中：q_v——热水出水流量，m^3/h；

　　　　D——管道内径，mm；

　　　　1000——流量单位转换系数；

　　　　5652——转换系数。

　　（2）热水增压泵扬程的计算

　　根据经验，不含回水系统的热水管路，无论层高多少，扬程取10m 左右；含回水系统的热水管路，扬程根据楼层来确定，详见表 4-3。

表 4-3　扬程计算表

楼层	扬程
1～3	15m～20m
3～6	20m～25m
注：若高于 6 层，根据实际情况决定。	

4.1.7　连接管路的设计

最基本的空气源热泵系统包括三段主管路：吸气管、热气管和供液管路。另外还有其他的分支管路，基于不同的系统可有可无，比如热力膨胀阀的外平衡管、热气旁通管路、喷液冷却管路、热气化霜管路、并联系统的油平衡管、气平衡管路等。

4.1.7.1　吸气管路设计的总体原则

吸气管路是从蒸发器出口到压缩机的吸气口，这段管路中流动的介质可能包括制冷剂气体、制冷剂液体和润滑油。管路设计的基本原则如下：

（1）回油，依靠介质的流速将润滑油带回到压缩机中。

（2）避免压缩机停机时回液引起带液启动。

（3）最小化压降，减少对系统效率的影响。

（4）最小化压缩机振动的传递。

（5）气液油分离的效果。

（6）最小化无效过热。

4.1.7.2　管径的计算方法

管径的确定可以通过基于标准或者设计工况下的数据，计算制冷剂的系统质量流量，然后再根据系统中制冷剂所处不同位置的物性，计算该位置的制冷剂容积流量，再除以管路的截面积，这样就可以得出不同管径下的制冷剂流速。

吸气管路管径的确定原则如下：

（1）上升管路，冷媒流速不低于 5m/s，一般设计流速在 8m/s 以上，根据所用润滑油的黏度稍有区别。

（2）水平管路或下降管路，冷媒流速不低于 3m/s。

（3）吸气管路的最大流速不得超过 20m/s。

（4）吸气管路所产生的压降不得超过20kPa。

（5）满足带油所需要的流速的前提下管径尽可能设计的大，这样利于降低系统压降和振动。

4.1.7.3　吸气管路压降的确定

吸气管路上总的压降 Δp 包括三个方面：管路沿程阻力是由于流体流动中管壁摩擦产生的阻力；管路上安装的附件产生的压降，如吸气过滤器、角阀、四通换向阀等；由于高度上的差异产生的重力的影响。

通常情况下，附件的压降可以通过附件的生产厂家所标定的数据来确定，吸气管路内部流动的制冷剂是气体状态，重力的影响基本上可以忽略不计，沿程阻力通过经验性的估计也可以大概确定下来。相对于热气管路和供液管路，吸气管路的压降对系统的效率影响是非常显著的。

4.1.7.4　吸气管路管径的确定

大上升管的粗管径按照最大能力减去最小能力进行设计，小上升管的细管径按照最小能力进行设计。当系统运行在最大能力时，两个管径的截面积之和所得到的流速可以满足带油的要求。当系统运行在部分负荷甚至最小能力时，两个管径的截面积之和所得到的流速不能满足带油的要求，润滑油会累积在大上升管的底部，直至形成油封液柱，封闭大上升管，仅保留小上升管继续工作，小上升管的管径正好符合最小能力的要求，系统就可以正常带油；当系统能力再度发生变化时，能力变大，制冷剂流量变大，小上升管产生的压降会同时变大，直到压降大到足以推动油封液柱的高度上面的重力，重新打开大上升管之后，系统重新回到大小上升管同时工作的状态。

4.1.7.5　吸气管路的布置

原则上吸气管路的布置需要考虑的因素有两个方面，即防止回液和利于回油，常见的基本设计方案是回油弯和防回液弯。

一般蒸发器本身为了防止带液启动和回液，换热器的设计会尽量让出口高于入口。一般出口开在换热器的顶部，本身是带有一定的防止运行时候的回液和停机时候的液体冷媒的重力迁移，但国内很多冷库用的冷风机或铝排管路不带有这样的设计，甚至相反，很容易造成停机后的冷媒液体迁移出现压缩机的带液启动问题。

除此之外，吸气管路由于内置的制冷剂状态复杂多变，所以布置设计时还应考虑以下几个方面：

(1) 减少管路的死区，避免存留过多的润滑油。

(2) 如果上升管路高度落差较大，可以考虑每间隔 2m～4m 设计回油弯。

(3) 所有外部连接的支管路，都要求开孔位置在管路的顶部，避免杂质和润滑油外流，甚至导致液锤。

(4) 管路每间隔 1m 以上 适当考虑加装固定，靠近压缩机部分可以考虑加装阻尼块或配重等。

(5) 吸气管路根据不同的应用情况，在中低温时需要做保温，避免冷凝水和无效过热。

(6) 靠近压缩机的部分，管路需要考虑三维方向柔性设计，减少压缩机对外的振动传递。

压缩机的排气管路连接压缩机排气口和冷凝器入口，管路中流动的介质一般是高温高压的气体状态，带有润滑油。绝大多数的应用中，润滑油在高温高压下的黏度相对较小，流动性比较好，所以排气管路设计一般不会特别考虑带油方面，管径确定的原则主要是考虑振动的影响，而且因为在大多数的应用中压缩机与冷凝器的距离很近（冷暖型的设备除外），所以压降的影响基本也可以忽略。润滑油的黏度与冷媒的溶解度和温度压力之间的大概关系为：排气管路的管径确定原则是流速为 5m/s ~ 17.5m/s，压降最大 41kPa。

　　排气管路的布置原则相对管径的确定来说更重要，因为一般的压缩机如果没有另外安装单向阀的话，内置的背压单向阀片或阀座的基本功能是防止停机后的反转，不能真正地实现反向密封，所以存在一种可能性，冷凝器中的液体和管路中的润滑油，在压缩机停机后，反向回流到压缩机的压缩腔体内，在下一次压缩机启动的瞬间可以导致液击或导致系统高压甚至也有可能形成液锤。基于这个原因，排气管路的布置需要考虑如何防止停机后的冷媒迁移。

　　供液管路连接冷凝器和蒸发器，管内流动的介质是液体状态，大多数情况下属于高温高压，某些应用可能是低温，但基本都是液体状态。

　　供液管路中的润滑油和制冷剂都是液体状态下的溶解度，相对于气体制冷剂来说要好很多，所以这段管路的设计基本不需要考虑带油的问题。供液管路的压降是最重要的设计依据。

　　供液管路管径的确定主要依据的是管径产生的压降对过冷度的影响，允许的运行速度为 1.8m/s 以下。供液管路本身所产生的压降不仅包括管路的摩擦阻力和附件产生的压降，也包括制冷剂本身的重力降，比如 R22 制冷剂供液管路上升 15m 的话，所产生的压降约为 172kPa，对过冷度的影响约为 5℃。

　　供液管路本身的布置也尤为重要，根据节流机构的要求，应尽可能满足节流机构入口满液的状态，也就是有足够的过冷度。为了达到这个目的，需要尽可能地缩短储液器和节流机构之间的距离。可惜的是，目前绝大多数设备的储液器安装在与冷凝器最近的位置，往往分体设备需要长管路连接，距离节流机构较远，容易造成过冷度不足以及系统低压报警，甚至出现管路喘振、节流机构啸叫、液锤等一系列问题。

特此提出一种新的设计方案：如果储液器距离节流机构较远，超出 10m 以上，建议设计存液段，在距离节流机构入口 30cm～50cm 处，设计一个小型储液器，用来消化管路压降附件阻力和高度差重力降等原因引起的闪气，以确保下游节流功能的正常运行。

4.2 空气源热泵除霜关键技术

4.2.1 翅片结霜机理

人们生活周围的空气层主要由干空气和水蒸气混合而成，也可以称为湿空气。1kg 干空气中所包含的水蒸气质量称为含湿量。而相对湿度则是指空气中的水蒸气分压与相同温度下饱和水蒸气分压力之比。当湿空气遇到冷表面时，冷表面附近的湿空气温度会降低，其饱和分蒸汽压力也随之降低，而空气中的水蒸气分压不变。当冷表面温度足够低，使其附近的湿空气的饱和分蒸汽压力降低到与空气中的水蒸气分压相等时，水蒸气就有可能从空气中析出。当冷表面温度低于 0℃时，析出的水蒸气便会凝结成霜，反之，则凝结成露。

霜的形成过程是伴随着一个传质、传热和相变的非稳态过程。霜的形成主要有三个阶段：晶核形成阶段、霜层生长阶段和霜层充分生长阶段。晶核形成阶段：当冷表面附近的湿空气中的水蒸气达到临界饱和度后将会大量聚集，并形成霜晶胚团，在冷冻之后形成有效的霜晶晶核，聚集的霜晶晶核由汽态直接凝华为固态的初始霜层。霜层生长阶段：初期霜层主要沿着冷表面的方向生长，不同晶核上的霜晶互不影响和交叉。之后，由于霜柱群头部迁移以及结晶的相互干涉作用，霜晶向三维方向生长。在冰晶空隙中不断掺杂着空气中的小液滴、冰球小颗粒和空气分子，霜层逐渐变得密实，霜层密度也逐渐增大。霜层充分生长阶段：随着霜层不断生长，进入充分生长阶段。由于水蒸气凝华时释放相变热，会在一定程度上提高霜层表面温度，当霜层表面温度达到 0℃ 以上时，受热霜层融化变长水滴，会渗透到霜层底部，由于霜层底部温度更低，进入的水滴会再次凝结成霜，而未融化的霜层继续以冰晶小颗粒组成的多孔介质的形式存在，这种霜层表面"凝华、回融、再冻结"过程不断反复，使得霜层不断老化，最终接近于冰层。在这一阶段，冷表面附近的冰层厚度有所提高，霜层的厚度和密度持续增加。

4.2.2　结霜的主要影响因素

　　结霜过程主要受空气温度、空气相对湿度、空气流速、空气洁净度、冷表面温度和冷表面六大因素特性影响。有学者研究得出：当空气温度 ≤0℃ 时，霜层厚度与时间呈线性关系；当空气温度为 −5℃ 和 0℃ 时，霜层厚度增长率分别为 0.15mm/h 和 0.06mm/h。当空气温度为 10℃ 时，翅片表面基本上不会结霜。在其他条件相同的情况下，随着空气相对湿度的增大，结霜速率和霜层厚度都逐渐增大。相对湿度对质量传递的影响显著，这是由于相对湿度越高，空气中水蒸气压降越大，结霜驱动力就越大，水蒸气在霜层表面也越容易凝华增加霜层厚度。不同的空气流速下，换热器表面的结霜特性也不一样。较高的空气流速可以加强湿空气与霜层表面的对流传质与传热。一般情况下，随着空气流动速度的增加，单位时间和面积的结霜速率不断增大，霜层厚度和霜层平均密度也随之增大。但是，当风速超过一定值时，高速的气流可能会吹走部分霜层表面的冰晶，同时加大空气侧与翅片的换热，使蒸发温度升高，在某种程度上抑制霜层的生长。空气洁净度对换热器表面的结霜也有较大影响，尤其是我国北方城市冬季出现的雾霾天气，严重加剧了翅片的结霜。雾主要是由于空气中的水蒸气凝结成细微水滴悬浮于空气中而形成的，而霾则是由空气中悬浮的大量微粒和气象条件共同作用的结果。在雾霾天气下，室外空气具有湿度大、洁净度低、成核颗粒多等特点，因此，相比空气洁净度高的气候，雾霾气象下的空气源热泵机组的换热器单位面积和时间的结霜速率更高，结霜量也更大。在其他条件相同的情况下，在温度较低的冷表面上，水滴冻结时间较短，冻结直径较小，单位时间、单位面积的结霜速率较大，霜层厚度较大，而霜的密度较小。根据表面浸润性可将冷表面分为亲水性表面、疏水性表面、超亲水性表面和超疏水性表面。超亲水性表面和超疏水性表面均具有延缓结霜的作用。超疏水性表面具有结霜速率较慢，结霜量较少，霜层较疏松，凝结水易滑落的特点。但是考虑到翅片换热器的成本及换热效果，翅片间距设置均不大，这样疏水表面上的水珠会夹在翅片之间，既不易脱落又不能保持柱状几何形状，会增大翅片的进风阻力，影响换热效果。亲水涂层的抑霜是利用亲水涂料含有强吸水性物质，能够在结霜初期把凝结在冷表面上的水珠吸附到亲水性涂层内部。而涂层内含有能降低水冰点的物质，会降低吸附到涂层内部的水珠的冻结温度。

4.2.3　长江流域空气源热泵结霜特点

近年来，随着节能减排政策的大力推进，空气源热泵在我国城市中的应用越来越广泛。空气源热泵在使用时，当蒸发温度低于0℃，空气中的水蒸气会在蒸发器表面凝结，附着于蒸发器上形成霜层,阻挡风道,减小系统循环风量并增大传热热阻,减小蒸发器的换热能力,从而进一步降低蒸发温度,使得蒸发器结霜速度更快,造成恶性循环。蒸发器结霜会造成热泵机组制热能力的降低,冷媒蒸发不完全引起压缩机回液,以致系统不能正常工作。

我国地域辽阔,根据 GB 50176—2016《民用建筑热工设计规范》,我国分为 5 个气候地区:严寒地区(主要包括东北地区、内蒙古、新疆北疆和青藏高原中北)、寒冷地区(主要包括华北地区、新疆中南部和青藏高原南部)、夏热冬冷地区、夏热冬暖地区和温和地区。

长江流域属于夏热冬冷地区,该区域包含:

(1)轻霜区:云南大部、成都、重庆等,该地域常年气温较高,结霜不明显或不会对热泵制热造成大的影响。

(2)重霜区:贵州、湖南等,该地域湿度和温度恰好处于结霜速率较大区间,贵州等海拔较高地区,每年 12 月至次年 2 月容易出现冻雨。

(3)一般结霜区:武汉、上海、南京、宜昌等。

(4)高寒区:江源区域年平均气温为 -4℃,最低温度在 -30℃以下。

由此可见,长江流域集合了轻霜、重霜、高寒区域,因而,除霜设计是空气源热泵需要重点突破的技术问题。

杭州、南昌、合肥、南京等长江流域地区采暖季有 68% ~ 75%的气象参数分布于重霜区,有 25% ~ 30%的参数分布于一般结霜区,如图 4 - 21 所示。空气源热泵在以上地区应用时,霜层生长速度快,结霜量高,需要除霜操作相当频繁,除霜能耗相对较高,需结合精确的测霜技术,设定可靠的除霜控制逻辑,以避免"有霜不除"、"除霜不净"这类误除霜事故的发生。

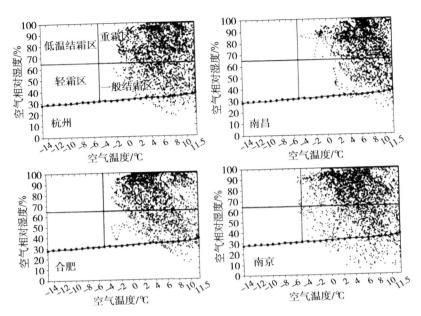

图 4 - 21 杭州、南昌、合肥、南京采暖季气象参数分布

4.2.4 空气源热泵除霜技术路线和主要方法

4.2.4.1 长江流域空气源热泵除霜技术路线

除霜是空气源热泵一项至关重要的技术，在目前的市场投诉中，除霜不干净、积冰等问题是空气源热泵的首要问题。尤其是在重霜区冻雨天气、一般结霜区夜间低温运行等条件下，经常出现蒸发器整个被冰霜包裹的现象。

空气源热泵除霜研究的技术路线是通过蒸发器防积冰技术、大流量除霜技术、环境温度分区分水温分除霜周期的智能除霜控制逻辑、防积雪技术的组合应用，使得机组适应长江流域大部分地区的环境。

4.2.4.2　防积冰技术

针对空气源热泵底盘积冰的现象，采取了优化蒸发器流路设计的措施。如图 4 - 22 所示，蒸发器的最下方支路，即靠近接水盘的一路(图 4 - 22 中 B 所示的支路)，在冷媒分配器输出管段增加了单向阀。热泵正常制热时，最下方支路无冷媒通过，从而减少了蒸发器底部及接水盘的结霜，除霜运行时，热态冷媒则流经此支路，确保蒸发器底部化霜干净，接水盘无积冰，同时确保了融霜水的顺利排除。

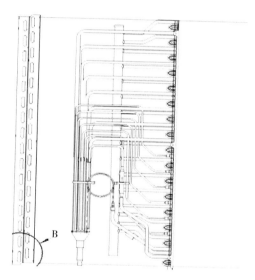

图 4 - 22　防积冰措施设计示意图

为验证该防积冰设计是否有效，在国家标准的基础上专门设计了超高湿度除霜实验，实验条件如下：

(1)环境干球温度/湿球温度/相对湿度：2℃/2℃/100%。

(2)样机回水温度/流量：设定水温下限 20℃/5.3(m³/h)。

(3)连续运行时间：不低于 12h。

在干球温度 2℃、相对湿度 100% 的环境中，热泵系统此时最容易结霜，同时施以最低水温设置，使除霜热量来源温度最低，最不利于热泵除霜吸热，除霜状况最恶劣。通过连续高湿度除霜实验后，可以看出采用防积冰技术的蒸发器，始终能保证即使上部严重结霜或结冰时，最下部流路翅片不结霜（见图 4 - 23），不会有冰霜堆积，确保良好的除霜效果。

图 4 - 23 防积冰措施实施效果

4.2.4.3 长江流域空气源热泵除霜技术

长江流域空气源热泵除霜方法主要有大流量除霜、逆循环除霜、热气旁通除霜、蓄热除霜、自然除霜、淋水除霜、电加热除霜、显热除霜、高压静电除霜和超声波除霜等。

（1）大流量除霜技术

热泵通常的除霜过程是四通阀换向后，冷媒反向流过蒸发器、节流部件和冷凝器实现除霜，但除霜时冷凝压力很低、高低压差较小、节流部件阻力较大，从而造成除霜时热泵系统冷媒循环量较低，除霜时间比较长。对于变频压缩机系统可以采用提高频率的办法提高冷媒流量，但对于定速压缩机无法提升运转频率，必须另寻途径。经过理论分析计算和实验，专为除霜运行设计了节流部件（见图 4 - 24 中虚框部分）。

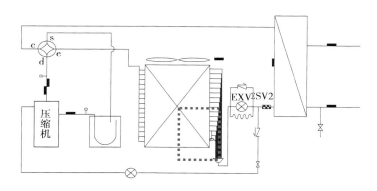

图 4 - 24 大流量除霜节流部件示意图

如图 4 - 24 所示，在电子膨胀阀并联毛细管的基础上再并联增加了一个单向阀，热泵正常制热运行时单向阀处于截止状态。除霜运行时，如果循环水温较低，系统关闭除霜电磁阀 SV2，避免除霜时套管蒸发器内的水无法提供足够的热量而造成系统回液和循环水冻结；如果水温较高，则开启除霜电磁阀 SV2，使得冷媒可以同时通过单向阀、主回路电子膨胀阀 EXV 和毛细管进入套管蒸发器，此时系统冷媒循环量大大增加，从而能使蒸发器在短时间内得到更多的热量，与普通空气源热泵相比，更快完成除霜。图 4 - 25 ~图 4 - 26 显示的是大流量除霜技术与常规除霜方式的系统各运行参数在除霜过程中的对比结果，可见大流量除霜时，系统阻力较小，蒸发温度提升速度快，除霜时间缩短 1/3 左右。

（2）逆循环除霜法

逆循环除霜法是指空调室外机需要除霜时，通过四通阀换向，

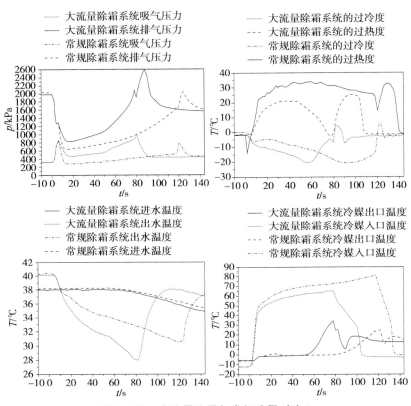

图 4 - 25　大流量除霜与常规除霜对比 1

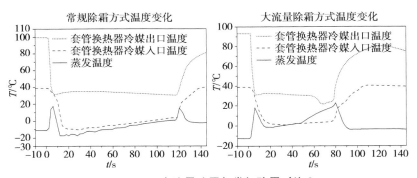

图 4 - 26　大流量除霜与常规除霜对比 2

改变制冷剂的循环流向，将热泵的制热工况切换为制冷工况，此时室外换热器由蒸发器变为冷凝器，除霜热量来自室内换热器的热量和压缩机做功。为了提高除霜效率、缩短除霜时间，保障热泵系统的制热性能，应采取不同的改进措施。其中之一便是在四通换向阀和室外换热器之间增设一个制冷剂补偿器，通过增大除霜模式下制冷剂循环流量，从而增加压缩气体的放热量来实现。逆循环除霜法被普遍采用，但也存在许多不足之处：除霜时室内温度会降低，影响室内舒适性；四通阀换向时，系统压力波动大，会产生较强的机械波冲击和气流噪声。

（3）热气旁通除霜法

热气旁通除霜法通过在压缩机排气管和室外换热器毛细管或膨胀阀之间增加旁通回路，将压缩机高温排气经由旁通管道通入换热器盘管，以高温排气冷凝释放出的潜热作为除霜所需的热量。热气旁通除霜时，空气源热泵无需切换运行模式，也不需要从室内换热器取热，恢复制热时，房间温度很快就可恢复到除霜前温度，能够有效改善室内的舒适性，降低噪声。但旁通到室外换热器中的制冷剂会积聚在汽液分离器中，除霜中后期，压缩机的吸气只能来源于汽分内制冷剂闪蒸的饱和蒸汽。这样会导致除霜时间较长，除霜过程中能耗损失较大。

（4）蓄热除霜法

蓄能除霜法是将空气源热泵除霜技术与蓄热技术相结合所提出的改进除霜方法。在制冷剂循环回路中引入相变蓄热装置，当空气源热泵系统处于制热运行模式时，通过相变材料将部分余热储存起来，当系统处于除霜模式时，将相变材料释放的热量作为除霜所需热源。蓄能除霜新系统蓄热时采用余热蓄热或供热兼蓄热，有效地利用了室外环境空气的低位热源，在能量利用上体现了"少量高品

81

质能源 + 大量低位热能"的先进用能思想。除霜主体能量取自室外低温空气，提高其品味后先贮存于蓄能器内，实现能量的空间转换。在热泵系统结霜工况时，又作为蓄能除霜时的用能，体现了能量利用的时间转换。

蓄热装置的引入能有效解决逆循环及热气旁通除霜的低位热源问题，但该方法也存在一些不足之处：蓄热材料需保证一定的体积才能存储足够的热量，对蓄热装置的安装空间有一定要求。因此，在实际产品开发时，需要对高效的蓄热材料及蓄热器结构进行选择与研发。目前，应用最多的主要有三种蓄热方法：显热蓄热、潜热蓄热和化学反应蓄热，潜热蓄热是一种相对高效和可靠的蓄热方法，潜热蓄热又分为气液相变和液固相变两种，考虑到蓄热装置的容积大小和安装，实际应用中普遍选用液固相变的蓄热材料。

（5）自然除霜法

在环境温度高于0℃工况下运行的热泵机组需要除霜时，压缩机停止运行，利用流过室外换热器表面的较高温度的自然空气实现霜层的融化。但是，当室外空气温度低于2℃时，利用自然空气对流的方法来除霜的效果并不理想。空气源热泵系统很少采用自然除霜法。

（6）淋水除霜法

淋水除霜法是通过在室外换热器的上方安装一个与换热器形状相似的化霜装置，该装置内安装有电加热棒、水泵、抽水管、电子水位探测计、电子水温计和电磁阀。在达到结霜条件工况下，利用电加热棒加热化霜装置内的水至设定温度，除霜时打开电磁阀使装置内的热水在重力作用下流过室外换热器表面进行除霜，化霜后的水积存在换热器底部的水盘内，再通过水泵送回化霜装置内进行加热。

（7）电加热除霜法

电加热除霜法是指在室外换热器表面或盘管内部加设电加热装置，通过加热电加热装置来提高翅片表面的温度，达到融化霜层的目的。这种方法在除霜时，四通阀无需换向、压缩机不停机，室内房间温度波动较小。但该方法消耗的电量大，成本费用高，不利于节能环保。

（8）显热除霜法

显热除霜法是利用旁通回路，将压缩机的高温高压排气直接引到节流部件的前面，再经过节流部件节流后进入室外换热器中，同时通过调节节流阀件控制制冷剂流量，保证制冷剂在室外空气换热器中只进行显热交换而不进行冷凝。

（9）高压静电除霜法

高压静电除霜法是利用外加电场破坏霜晶结构，使之破碎掉落，离开冷表面。在电场的作用下，电极间的气体会发生微放电现象并产生电荷，电荷会在霜晶上积聚，形成一个与外加电场方向相反的电场，使霜晶受到由换热器表面向外的电场力。霜晶的破碎存在固有频率，当施加的交流电场频率等于或接近霜晶破碎的固有频率时，会发生共振，进而破坏已形成的霜晶，霜晶就会从换热器表面脱落，达到除霜的目的。

（10）超声波除霜法

超声波除霜法也是依据共振原理，利用霜晶和超声波之间的共振效应，达到除霜的目的。超声波在固体中传播有机械振动作用，翅片管换热器在高频受迫振动下，其结霜部位激发的剪切应力值远大于结霜的黏附应力，且在霜晶根部激发的弯矩可将部分霜晶体从根部折断。有关研究认为：超声波频率为 20kHz 时，纵波除霜效果最好；当超声波频率为 15kHz 时，横波的除霜效果最好。双声源除霜效果明显优于单声源，尤其是横波双声源除霜效果最好。

（11）分步除霜法

分步除霜法是指将室外换热器分段控制使用，其中一段回路在化霜的同时，另一段回路继续制热，在一段回路化霜结束后，两段回路同时制热一段时间后，另一段尚未化霜的回路才进入化霜。如此循环，直至所有回路均完成化霜。

（12）防积雪控制技术

江源区域属于高寒地区，有较多冰雪天气。如果设备长时间处于待机状态且当地降雪较大，室外机风叶会覆盖厚厚的积雪，甚至冻结。当设备重新开始运行时，会损坏电机或风叶，影响用户的正常供热。

为解决此隐患，利用防积雪控制技术可解决设备在下雪情况下长时间待机，由于积雪而造成风机或电机损坏的问题。设置室外风机的开停逻辑控制，如图4-27所示，使得电机在下雪时能够断续的运转，从而提升设备的可靠性。

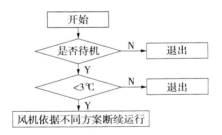

图4-27　室外风机的开停逻辑控制

风机按照表4-4选择开停时间。

表4-4　风机开停时间　　　　　　　　　　min

方案	A	B	C	D
ON	15	30	60	120
OFF	30	60	120	240

4.2.5　除霜控制方法

空气源热泵在结霜工况下运行，随着霜层的加厚，将造成室外换热器空气流动阻力增大，风量减小，换热器换热温差增大，机组供热能力显著降低，到一定程度时就需要除霜。理想的除霜应该是"按需除霜"，即多霜多除、少霜少除、无霜不除。过早或者过晚地进行除霜会带来系统能耗的增加，甚至引发高压保护等系统故障，这与除霜控制方法有很大关系。

目前，常见的除霜控制方法主要有：

（1）定时除霜法

这是早期的空气源热泵机组采用的除霜控制方法，系统根据最不利的环境参数和经验设定除霜间隔时间以及融霜持续时间。设定参数具有单一性，未考虑环境和机组工作状态的变化。该除霜方法适应性差，易出现误除霜、不能及时除霜和能源浪费的问题。

（2）温度—时间除霜控制法

该方法在定时除霜法的基础上考虑了室外换热器翅片管表面温度的影响，以机组蒸发器外盘管温度和距离上次除霜的时间间隔值作为判断依据，当两个参数均达到设定值时，即进入化霜。这种方法考虑到了机组运行工况的影响，控制方法简单，是许多空调生产企业采用的除霜方法。由于该方法对室外换热器的外盘管温度的检测准度要求较高，所以机组外盘管的固定位置及外机的安装位置均会对化霜条件的判断产生影响。另外，当环境温湿度变化幅度较大时，系统适应性不佳，在气温和相对湿度均较高的地区，换热器表面结霜现象比较严重，但翅片管温度尚未达到设定值而无法进入除霜；在气温较低、相对湿度较高的地区，由于翅片结霜速度较快，机组达到设定除霜温度但未达到除霜时间间隔，机组无法进入除霜，会导致霜层过厚，机组出现故障保护停机的现象。在实际运行中，温度—时间除霜控制法不可避免地会出现滞后除霜、提前除霜和除霜不净的现象。

（3）温差—时间除霜控制法

此方法考虑到机组结霜后蒸发温度会发生变化，通过检测室外环境温度和蒸发器盘管温度及两者之差再结合除霜间隔时间作为除霜判断依据。该方法同时考虑到了机组的运行工况和环境温湿度的变化，适用性较好，但它对环境温度和室外盘管温度检测的准确性要求较高，温差值的设定也需要参考实验测试的经验值，感温包检测的温度漂移为 $1℃ \sim 2℃$ 时，易导致提前进入化霜或难以进入化霜。

（4）温度—湿度—时间除霜控制法

温度—湿度—时间除霜控制法是在温度—时间除霜控制法的基础上，引入湿度这一变量，从而提升了除霜判断的准确度。在分区域结霜图 4-28 中的结霜区内，根据结霜的速率分成了五部分，即轻霜区Ⅰ、轻霜区Ⅱ、一般结霜区Ⅰ、一般结霜区Ⅱ、重霜区。根据相关的经验数据可以拟合出 A、B、C、D、E 五条曲线方程，只要知道机组运行时的室外环境温湿度值即可确定机组在哪一个结霜区域内运行。不同区域对应相应的时间温度算法，经过大量的试验验证，得出除霜的间隔时间，见表 4-5。温度—湿度—时间除霜控制法不仅能够及时准确进入除霜，而且能够在很大程度上避免无霜除霜，显著提高了除霜的准确率。

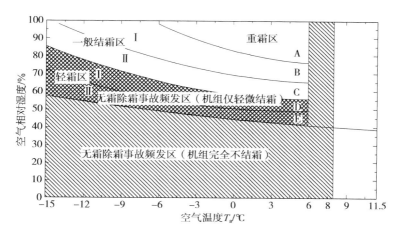

图 4 – 28　分区域结霜图

表 4 – 5　除霜的间隔时间

结霜区域			推荐除霜间隔时间 ΔT/min
重霜区	（A）		$\Delta T \leqslant 30$
一般结霜区	I	（B）	$30 \leqslant \Delta T \leqslant 45$
	II	（C）	$45 \leqslant \Delta T \leqslant 90$
轻霜区	I	（D）	$90 \leqslant \Delta T \leqslant 150$
	II	（E）	$150 \leqslant \Delta T \leqslant 240$

（5）空气压差除霜控制法

蒸发器前后的气流阻力会随着霜层生长堵塞空气流道而增大，导致流过蒸发器前后的空气压差增大。通过测量蒸发器两侧的空气压差，当该值达到设定值时，即进入化霜。空气压差除霜控制法在实际中应用很少，因为压差传感器精度有限、信号稳定性差，当蒸发器表面结灰严重或有异物时，很难准确判断。

（6）基于机组运行性能的控制方法

基于机组运行性能的控制方法主要是引入评价空气源热泵机组

平均性能或最优性能的参数，以该值作为目标函数，通过实验和模拟研究寻找合适的除霜开始和结束时间点进行除霜控制。该方法具有较强的理论指导性，但与除霜进入时间点相关的各参数间相互耦合，难以用简单函数关系来表示，不易推广应用。

（7）风机电流和蒸发温度联合控制除霜法

当室外换热器表面结霜后，换热器风阻增大，在相同挡位下的风机电流相应增大，同时，蒸发器温度也会降低，通过相应的实验数据可以确定在不同工况下进入化霜前的风机电流值和蒸发温度。但风机电流和蒸发温度联合控制除霜法同样受室外侧换热器的积灰和脏堵影响，易出现误除霜。

（8）自修正除霜控制法

自修正除霜控制法是在温差—时间除霜控制法的基础上，对机组每次除霜时长进行判断，若除霜时间大于目标值，则缩短时间间隔或减小进入温差，反之，则加长时间间隔或加大进入温差。该方法需要以大量实验数据作为基础支撑来确定修正参数。

（9）模糊除霜控制法

影响翅片管表面结霜的因素很多，包括室外环境温湿度、空气流速、翅片管换热器的结构形式等，这些因素对换热器结霜状况的影响是非线性的，而结霜状况对热泵机组性能的影响也是多因素、非线性的。模糊控制技术正好适合处理这种多因素、非线性问题。整个除霜控制系统由数据采集与 A/D 转换、输入量模糊化、模糊推理、除霜控制、除霜监控及控制规则调整等功能模块组成。这种控制方法的关键在于模糊控制规则及标准是否合适，根据一般经验得到的控制规则有局限性和片面性，若根据实验制定控制规则又存在工作量太大问题。

（10）直接测量控制法

霜层厚度是机组结霜情况最重要、最直接的因素，直接测量控制法即是以探测到的霜层厚度作为除霜控制判据，该方法直观有效，是一种理想的控制方法。主要通过显微镜成像技术、千分尺测厚技术、激光测厚技术、光电耦合测试技术等方法获得霜层厚度。但这种直接测量的方式容易受到操作空间、环境条件、造价等因素制约，且难以实现自动在线监测，导致难以应用于实际工程。

4.3　空气源热泵系统选配和控制

4.3.1　空气源热泵系统选配

4.3.1.1　采暖负荷计算

（1）采暖设计热负荷（Q_n）计算的组成

冬季采暖通风系统的热负荷，应根据建筑物下列散失和获得的热量确定：

a）围护结构的耗热量，包括基本耗热量和附加耗热量；

b）加热由门窗缝隙渗入室内的冷空气的耗热量；

c）加热由门、孔沿及相邻房间浸入的冷空气的耗热量；

d）建筑内部设备获得的热量；

e）通过其他途径散失或获得的热量。

对于一般层高在 3m 以下的民用住宅，工程上可采用面积热负荷法进行概算，即

$$Q_n = K \times q_n \times S \qquad (4-76)$$

式中：Q_n——建筑物的采暖设计热负荷，W；

　　　S——建筑物的建筑面积，m^2；

　　　q_n——建筑物的采暖单位面积热负荷，W/m^2；

　　　K——附加系数。

建筑各个区域的围护结构、冷空气渗透情况均有差别,如果需要计算的较为准确,应根据各个区域在建筑中的位置(如是否靠近外墙、外墙上的门窗)和门窗(是否有冷空气渗透)进行分别计算。

(2)室内采暖单位面积热负荷(q_n)计算

a)一般原则

别墅的负荷一般要比住宅的大一些。

别墅的顶层负荷要大于中间层或底层。

普通卫生间根据面积提供500W~1000W的定值来计算。

别墅地下室一般不配。

客卧一般负荷相对较大。

对于外墙较大或玻璃面积较大的,建议做负荷计算。

b)室内采暖单位面积热负荷(q_n)估算

室内采暖单位面积热负荷估算见表4-6。

表4-6 室内采暖单位面积热负荷估算表 W/m²

住宅		别墅	
客餐厅	100~130	客餐厅	120~150
主卧室	100~120	主卧室	110~130
客房	110~140	客房	110~140
书房	100~120	书房	110~130

(3)附加系数

附加系数为采暖面积与全房间面积的比值,根据表4-7进行选择。

表4-7 附加系数计算表

采暖区面积与房间总面积比值	>0.55	0.4~0.55	0.25~0.4	<0.25
附加系数	1	1.3	1.35	1.5

表 4 - 7 的附加系数为标准推荐数值，在实际工程中应根据具体情况做出调整。

房间进深大于 6m 时，以距外墙 6m 为界分区当作不同的单独房间，分别计算供暖热负荷。

(4)另一种采暖热负荷的估算办法

$$Q_n = a \times R_n \times V \times (t_n - t_w) \tag{4-77}$$

式中：Q_n——采暖热负荷，W；

t_n——室内空气温度，℃；

t_w——室外供暖计算温度，℃；

V——建筑的体积，m^3；

R_n——体积热指标，$W/(m^3 \cdot ℃)$（根据建筑的保温情况宜取 0.4~0.7）；

a——修正系数，参考表 4 - 8。

表 4 - 8　修正系数表

采暖室外计算温度/℃	0	-5	-10	-15	-20	-25	-30
a	2.46	2	1.74	1.55	1.4	1.3	1.2

4.3.1.2　空气源热泵供暖的系统类型

(1)地面辐射供暖：供水温度一般在 35℃ 左右。

地暖面盘管的管间距直接影响到地板的散热量，而地板散热量需满足室内负荷的要求。管间距根据管材、室内设计温度、供水温度、地板材料等因素而定。

优点：节能、运行费用低；舒适性高；系统具有一定的蓄热功能，热稳定性好，能有效抵消空气源热泵极端天气时的制热功率波动，使系统运行更稳定、可靠。

缺点：既有建筑改造会破坏原有地面；对于楼房建筑还会降低

房间高度；如出现施工质量问题，维护困难。

（2）风机盘管：供水温度一般在45℃左右。

优点：房间升温较快；每个房间风机盘管的风机独立控制，有利于行为节能；供水温度比散热器低，空气源热泵能效比高，运行费用较省；系统简单、安装灵活方便；系统可一机两用，冬季供暖，夏季制冷，对于夏季有制冷需求的用户，综合初投资费用更低。

缺点：舒适性略差，会有轻微噪声，会损失部分电量。

（3）散热器（暖气片）：供水温度一般在55℃左右。

优点：替代简单，可直接替代原有锅炉热源；与直接电供暖方式相比，节能效果显著；与电锅炉供暖方式相比，节约了电力增容费用。

缺点：高温供暖，室内升温慢，热舒适性差，占有一定的空间。

4.3.1.3　空气源热泵机组配置计算

（1）确定建筑的负荷

根据建筑物的负荷指标和相应建筑面积的乘积，得出建筑的负荷。

将各空调房间的负荷逐个相加得出空调总负荷。

（2）确定机组台数和容量

机组总负荷的确定：建筑的负荷或空调总负荷×80%左右的同时使用率。公寓房可不考虑同时使用率。特殊情况需根据建筑功能和使用情况确定。

大、中型工程应选两台以上，但不宜过多，并考虑备用机组的可能性。

若建筑物的最大负荷与最小负荷的差距过大，宜大、小容量机组搭配工作。

4.3.1.4 采暖系统分类

（1）开式循环系统：管路中的循环水与大气相通的系统。循环水与大气接触，易腐蚀管路；用户与机房高差较大时，水泵则需克服高差造成的静水压力，耗电量大。

（2）闭式循环系统：管路系统不与大气接触，在系统最高点设有排气阀的系统。管道与设备不易腐蚀；不需克服高度差，从而循环水泵功率小。

（3）同程式系统：并联环路中的各支路的流程都是相等的系统，如图4-29所示。

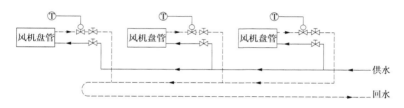

图4-29 同程式系统示意图

优点：系统的水力稳定性好，各设备间的水量分配均衡。

缺点：由于采用回程管，管道的长度增加，水阻力增大，使水泵的能耗增加，并且增加了初投资。

（4）异程式系统：并联环路中的各支路流程不等的系统，如图4-30所示。

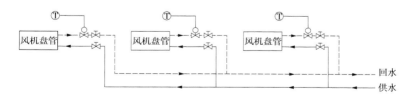

图4-30 异程式系统示意图

优点：系统简单，耗用管材少，施工难度小。

缺点：各并联环路管路长度不等，阻力不等，流量分配难以平衡。

（5）定水量系统：系统中循环水量为定值，或夏季和冬季分别采用不同的定水量，负荷变化时，改变供、回水温度以改变制冷量或制热量的系统。

特点：系统简单，操作方便，不需要复杂的自控设备和变水量定压控制。

（6）变水量系统：保持供水温度在一定范围内，当负荷变化时，改变供水量的系统。一般适用于间歇性降温的场所（影院、剧场、大会议厅等）。

特点：水泵的能耗随负荷减少而降低，在配管设计时可考虑同时使用系数，管径可相应减少，降低水泵和管道系统的初投资。但是需要采用供、回水压差进行流量控制，自控系统比较复杂。

4.3.1.5 采暖系统介绍

空气源热泵采暖常用系统如图 4 - 31、图 4 - 32 所示。

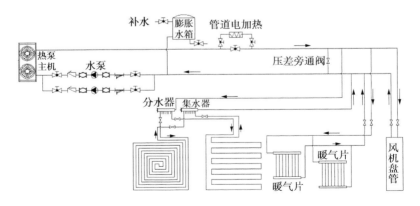

图 4 - 31 不带缓冲水箱的采暖系统

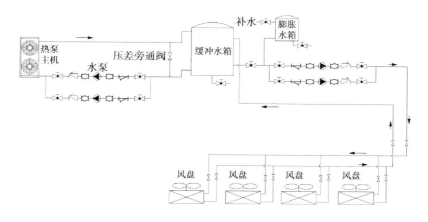

图 4 - 32 带缓冲水箱的采暖系统

4.3.1.6 水泵选型计算

冷暖系统按空调系统的水流量和水阻力选定水泵流量和扬程。

（1）水泵的流量

在没有考虑同时使用率的情况下选定的机组，可根据产品样本提供的数值乘以 1.1 倍~1.2 倍的系数选用。

如果考虑了同时使用率，水泵的流量建议用式（4 - 78）、式（4 - 79）进行计算：

$$L = Q \times 0.86/\Delta T \qquad (4 - 78)$$

式中：L——循环水流量，m^3/h；

Q——总负荷，kW（没有考虑同时使用率）；

0.86——系数，$m^3 \cdot ℃/(h \cdot kW)$；

ΔT——进回水温差，℃（采暖系统取 10℃，冷暖系统取 5℃）。

水泵的流量 =（1.1~1.2）× 系统循环水流量 （4 - 79）

（2）水泵的扬程

水泵的扬程应为它承担的供回水管网最不利环路的总水压降。

最不利环路总水压降 H_{max}（mH_2O）按式（4 - 80）计算：

$$H_{max} = \Delta p_1 + \Delta p_2 + 0.05L(1 + K) \qquad (4 - 80)$$

式中：Δp_1——机组内部的水压降，$mH_2O(1mH_2O = 9.81kPa)$；

Δp_2——最不利环路中并联的各末端装置的水压损失最大一台（或部分）的水压降，mH_2O；

$0.05L$——沿程损失取每100m管长约$5mH_2O$；

K——最不利环路中局部阻力当量长度总和与直管总长的比值（当最不利环路较长时 K 取 $0.2 \sim 0.3$；最不利环路较短时 K 取 $0.4 \sim 0.6$）。

$$水泵扬程(mH_2O) = (1.1 \sim 1.2) \times H_{max} \qquad (4 - 81)$$

（3）其他要求

水泵必须选用热水泵，其 Q—H 特性曲线应是随着流量的增大，扬程逐渐下降的曲线。同时，适用于水／乙二醇（最高30%）溶液。

应根据水泵供应商提供的参数要求，并根据现场水力系统的要求选泵，水泵应在其高效区内运行。额定工况下水泵的能耗占空调系统总能耗的5%~9%，在部分负荷情况下，如果选配不当，水泵的能耗不会减少，占整个系统能耗的比例会明显提高。另外，工程中普遍会出现所选水泵过大，水温差过小的现象。水泵台数应尽可能与热泵台数匹配，以便部分热泵停机时，水泵相应停机，以减少水泵的消耗。所选水泵也应为高效水泵，所需水泵的流量、扬程应与实际一致。另外，如果水泵能采用变频泵，使其额定工况下的水温差达到5℃，同时在部分负荷下，水泵流量也相应改变，但不应小于热泵机组的最小限定流量，则其节能效果会更显著。

4.3.1.7 膨胀罐选型计算

膨胀罐的体积按式(4 - 82)计算：

$$V = \frac{C \times e}{1 - \dfrac{p_1}{p_2}} \qquad\qquad (4-82)$$

式中：V——膨胀罐的体积，L；

  C——系统中的水容量（包括热泵主机、管道、末端等），约为系统循环水流量的 $1/15 \sim 1/20$，L；

  e——水的热膨胀系数（系统冷却时水温和锅炉运行时的最高水温的水膨胀率之差，见表 $4-9$），标准设备中 $e = 0.0359(90℃)$；

  p_1——膨胀罐的预充压力（绝对压力），Pa；

  p_2——系统运行的最高压力（绝对压力），Pa。

表 4-9　水的热膨胀系数

温度/℃	e	温度/℃	e	温度/℃	e
0	0.00013	45	0.0099	75	0.0258
4	0	50	0.0121	80	0.029
10	0.00027	55	0.0145	85	0.0324
20	0.00177	60	0.0171	90	0.0359
30	0.00435	65	0.0198	95	0.0396
40	0.00782	70	0.0227	100	0.0434

4.3.1.8　储能（缓冲）水箱计算

水暖系统需要考虑系统水容量对系统稳定性的影响，对于空气源热泵地暖系统，最大的影响因素是冬季机组除霜。空气源热泵机组化霜时间为 3min ~ 8min，计算蓄能水箱容积时取化霜时间为 4min。

系统热稳定性要求：冬季运行时，主机除霜时间为 4min，供水温度允许降低不超过 3℃。

$$V_1 = Q \times T / (c \times \Delta t \times \rho) \qquad (4-83)$$

式中：V_1——系统最小水容量，L；

　　　Q——主机制热量，kW；

　　　T——化霜时间，s；

　　　Δt——水温允许波动值，℃；

　　　c——水的比热容，取 4.18kJ/(kg·K)；

　　　ρ——水的密度，取 1kg/L。

$$V_2 = 0.15 \times L \qquad (4-84)$$

式中：V_2——系统水容量，L；

　　　L——系统管路总长，m。

$$V = V_1 - V_2 \qquad (4-85)$$

式中：V——储能水箱有效容积，L。

4.3.1.9　系统管道计算

（1）管道内径按式（4-86）计算：

$$D = \sqrt{4q_V / (3.14 \times 1000 \times v)} \qquad (4-86)$$

式中：D——管道内径，mm；

　　　q_V——管段内流经的水流量，L/s；

　　　v——假定的水流速，m/s（见表 4-10）。

表 4-10　管内水流速推荐表

管径/mm	15	20	25	32	40
推荐流速/(m/s)	0.4~0.5	0.5~0.6	0.6~0.7	0.7~0.9	0.8~1.0
管径/mm	50	65	80	100	125
推荐流速/(m/s)	0.9~1.2	1.1~1.4	1.2~1.6	1.3~1.8	1.5~2.0

（2）管径经验选定法：根据系统水流量和单位长度阻力损失选

取，见表 4 - 11。

表 4 - 11　系统水流量和单位长度阻力损失表

管内径/mm	闭式水系统		开式水系统	
	流量/(m³/h)	kPa/100m	流量/(m³/h)	kPa/100m
15	0 ~ 0.5	0 ~ 60	—	—
20	0.5 ~ 1.0	10 ~ 60	—	—
25	1 ~ 2	10 ~ 60	0 ~ 1.3	0 ~ 43
32	2 ~ 4	10 ~ 60	1.3 ~ 2	10 ~ 40
40	4 ~ 6	10 ~ 60	2 ~ 4	10 ~ 40
50	6 ~ 11	10 ~ 60	4 ~ 8	10 ~ 40
65	11 ~ 18	10 ~ 60	8 ~ 14	10 ~ 40
80	18 ~ 32	10 ~ 60	14 ~ 22	10 ~ 40
100	32 ~ 65	10 ~ 60	22 ~ 45	10 ~ 40
125	65 ~ 115	10 ~ 60	45 ~ 82	10 ~ 40

（3）连接各末端装置的供回水支管的管径，应与设备的进出水管接管管径一致，可查产品样本获知。

4.3.1.10　分集水器选择

（1）材质：黄铜材质或不锈钢材质，同时适用于水/乙二醇（最高30%）溶液。

（2）一般规格：见表 4 - 12。

表 4 - 12　分集水器的一般规格

主管管径/英寸	1	1.1/4	1.1/2	2
支管管径/英寸	3/4	3/4	3/4	3/4
支管数	2	3 ~ 4	5 ~ 6	7 ~ 8
支管间距/mm	60	60	60	60
注：1 英寸 = 25.4mm。				

（3）选型建议：根据盘管环路数选择分集水器支管数，支管数应控制在 8 路以内，若超过 8 路，可增设多一套分集水器解决。分集水器主管管径应至少比系统供水管管径大一个规格，支管数越多，分集水器主管管径应越大，具体以实际水力计算为准。

4.3.1.11 地暖管的选择

（1）地暖管管径

在水阻力不超限的情况下，水流速度越大管道内越不容易积气，有利于减小传热热阻从而增加散热量。一般管道内水流速度不得小于 0.25m/s，以流速 0.25m/s～0.5m/s 为宜，分集水器内的水流速一般不宜超过 0.8m/s，过小的流速会影响散热量，过大的流速则会增加水泵的负担，且水流噪声会较明显。

一般要求在任何情况下系统水流量不得小于系统额定水流量的 60%，如果实际中有可能出现流量小于 60% 的情况，需加装压差旁通阀或其他旁通措施，否则可能导致机组保护。

从减少加热盘管的水侧阻力，提高采暖效果的角度考虑，加热管道宜选择外径 $\phi20$ 的管道，从施工安装方便的角度考虑，加热管道宜选择外径 $\phi16$ 的管道，根据工程实际情况选择合适的方案。

（2）地暖管长度

加热盘管的长度和环路简易计算（采暖房间内面积 $10m^2$，分集水器与采暖房间连接距离 10m）见表 4－13。

表 4－13 加热盘管的长度和环路简易计算表

盘管间距/mm	150	200	250
每平方米用管量/m	6.7	5	4
加热盘管长度/m＝采暖房间面积×每平方米用管量＋分集水器与采暖房间连接距离×2	87＝ 10×6.7＋10×2	70＝ 10×5＋10×2	60＝ 10×4＋10×2

加热盘管长度选择建议：每环路加热盘管长度宜控制在 60m ~ 80m，最长不应超过 100m，各环路长度宜相等或相近，管长差值应控制在 15m 内。

（3）地暖管材质

PE-X：交联聚乙烯，力学性能好，耐低温和高温。但是没有热塑性，不能采用热熔接，通常采用卡式连接。是目前欧洲在地暖系统中使用量最大的一个品种。进口和国产的差价较大，低价位的产品使用时存在一定的风险。

PE-RT：中密度聚乙烯，力学性能好，耐应力开裂，耐水压，耐热蠕变。具有可以热熔连接、原料性能稳定可靠和柔韧性好等优点，其综合的优良特性使之在地板辐射采暖领域中具有一定的竞争力。价格适中。

PB：聚丁烯，管材最柔软，相同压力下，管壁设计最薄，是当前几种用于热水的塑料管中价格最贵和可靠性最高的品种。

由于采暖系统中渗入氧会加速系统的氧化腐蚀，选择 PE-X、PE-RT、PB 塑料管道时宜选择含有阻氧层的管道。

4.3.1.12   散热片的选择

根据房间的热负荷和散热片的散热量相匹配的原则进行选择，兼顾房间的舒适性、美观性来确定与之相符的散热片的型号。

空气源热泵用供暖散热器设计选型目的是确定供暖房间所需散热器的片数（或者米数）。

以散热器作为空气源热泵系统供暖末端时，需要对散热器片数 n 进行过余温度修正，即

$$n_{pump} = n \cdot \beta_5 \qquad (4-87)$$

式中：n_{pump}——空气源热泵用供暖散热器选择片数（或者米数）；

n——散热器片数（或者米数）；

β_5——散热器不同过余温度下的片数修正系数，见表 4 – 14。

表 4 – 14　散热器不同过余温度下的片数修正系数 β_5

过余温度/℃	64.5	50	46	42	38	34	30	26	21	16
辐射型 β_5	1	1.38	1.54	1.73	1.97	2.27	2.66	3.19	4.20	5.94
自然对流型 β_5	1	1.41	1.58	1.78	2.04	2.37	2.81	3.41	4.55	6.57
强制对流型 β_5	1	1.30	1.42	1.56	1.73	1.94	2.20	2.55	3.18	4.21

注：1. 过余温度的定义为散热器的进出水算术平均温度与室内空气温度的
　　　差值。
　　2. 表中未列入的不同过余温度下的片数修正系数，可根据实际的过余
　　　温度采用线性插值法计算得到。

供暖房间所需散热器的片数（或者米数）按式（4 – 88）计算：

$$n = \frac{Q}{q_{\text{test}}} \beta_1 \beta_2 \beta_3 \beta_4 \qquad (4 - 88)$$

式中：n——供暖房间所需散热器的片数（或者米数）；

　　　Q——供暖房间的热负荷，W；

　　　q_{test}——散热器的名义工况下的单位散热量，W/片或 W/m（通
　　　　　　过实验室在标准测试工况下测试得出）；

　　　β_1——散热器组装片数（或安装长度）修正系数（见表 4 – 15）；

　　　β_2——散热器支管连接方式修正系数（见表 4 – 16）；

　　　β_3——散热器安装形式修正系数（见表 4 – 17）；

　　　β_4——散热器的流量修正系数（推荐值：柱形、柱翼型、多翼
　　　　　　型、长翼型、镶翼型，取值 0.95；扁管型，取 0.97）。

表 4 – 15　散热器组装片数（或安装长度）修正系数 β_1

散热器形式	组装式				整体式		
每组片数或长度	<6 片	6 片~10 片	11 片~20 片	>20 片	≤600mm	800mm	≥1000mm
β_1	0.95	1	1.05	1.1	0.95	0.92	1.00

表 4 - 16　散热器支管连接方式修正系数 β_2

连接方式	异侧上进下出	异侧下进上出	同侧双向上进	同侧双向下出	同侧下出
各类柱型 β_2	1.0	1.009	—		
铜铝复合柱翼型 β_2	1.0	0.96	1.01	1.14	1.08

连接方式	底进底出	下进下出	同侧下进下出	异侧下进下出	
各类柱型 β_2	1.251	—	1.39	1.39	
铜铝复合柱翼型 β_2	1.10	1.38	1.39	—	

表 4 - 17　散热器安装形式修正系数 β_3

安装方式	β_3
安装在墙体的凹槽内(半暗装)，上部距离窗台或墙体约为 100mm	1.06
明装，但是散热器上部有遮挡，散热器距离上部遮挡物的距离为 150mm	1.02
暗装，上部敞开，下部距离地面 150mm	0.95
暗装，上下部敞开，开口高度为 150mm	1.04

4.3.1.13　风机盘管和直接冷凝式供暖末端的选择

有供暖和空调需求、室内温度有独立调节要求、间歇供暖要求的场所宜采用风机盘管供暖，风机盘管规格应根据房间热负荷、设计供回水温度等确定，其他性能参数应符合 GB/T 19232《风机盘管机组》的要求。采用风机盘管供暖时，应采取措施优化室内气流组织，减小温度梯度。

风机盘管有多种分类方式，按形式分为卧式暗装、卧式明装、立式暗装、立式明装、卡式，按厚度分为超薄型、普通型，按有无冷凝水泵分为普通型、豪华型，按机组静压分为0Pa、12Pa、30Pa、50Pa、80Pa(机外静压)，按照排管数量分为两排管、三排管，按制式分为两管制、四管制。

确定型号以后，还需要确定风机盘管的安装方式(明装或暗装)、送回风方式(底送底回、侧送底回等)以及水管连接位置(左或右)等条件。

房间面积较大时，应考虑使用多个风机盘管。房间单位面积负荷较大、对噪声要求不高时可考虑使用风量和制冷量较大的风机盘管。

考虑所接风管的沿程阻力、出风口的阻力、软接的阻力，低静压(12Pa)直接接风口或接不超过1m的风管，中静压的风盘(30Pa)接不超过4m的风管，高静压(50Pa)的风盘接不超过7m的风管。

直接冷凝式供暖机组及其末端供热能力的设计应满足热负荷需求。

热风供暖末端应合理优化气流组织，保持人员停留区舒适度。热风供暖末端在热泵主机除霜时，应具有防止吹冷风功能。采用直接冷凝式热风供暖末端的空气源多联式热泵机组，应符合JGJ 174《多联机空调系统工程技术规程》的要求。

辐射供暖末端可采用直接冷凝式地板辐射供暖模块、墙体辐射供暖模块以及直接冷凝式壁挂辐射板供暖模块等形式。辐射供暖末端应具备一定的蓄热能力，防止主机除霜期间向室内供冷。

根据不同的辐射供暖末端合理设计铜管管长以及布管方式，并根据建筑供暖系统热负荷、系统运行温度以及工作压力等条件确定辐射供暖末端中的铜管直径和管间距。

4.3.1.14　辅助热源设计

对于室内温度稳定性有较高要求的供暖系统，应设置辅助热源。其加热能力应根据平衡点温度的计算结果确定，选择时应考虑不同辅助热源与空气源热泵联合供暖的可靠性、经济性和环保性。空气源热泵供暖系统宜选用电或燃气作为辅助热源。若具备多种辅助热源时，应优先选用清洁能源。既有建筑供暖改造项目应充分考虑建筑已有末端供暖形式，选取适宜的辅助热源。

严寒和寒冷地区应按平衡点温度确定空气源热泵机组和辅助热源承担热负荷的比例。经济平衡点温度计算方法，以全生命周期成本为目标函数，确保系统可靠运行及良好的经济性。

空气源热泵全生命周期成本，可按式(4-89)计算：

$$\mathrm{LCC} = C_\mathrm{h}\, Q_\mathrm{h0} + C_\mathrm{f}' (Q_0 - Q_\mathrm{h0}\, \eta_\mathrm{h}) + C_\mathrm{e}' + \mathrm{OC} \qquad (4-89)$$

式中：LCC——生命周期成本，元；

C_h——空气源热泵机组的装机价格，元/kW；

Q_h0——空气源热泵机组的名义制热量，kW；

C_f'——辅助加热设备的装机价格，元/kW；

Q_0——冬季供暖最不利工况下建筑物热负荷，kW；

η_h——空气源热泵的修正系数(当机组在冬季室外最低温度下可运行时即为厂家提供修正系数，若不能运行时即为0)；

C_e'——电力增容费(住宅类已取消电力增容费，其他类建筑可咨询当地电力部门)，元；

OC——运行成本，元。

运行成本按式(4-90)计算：

$$OC = \sum_{p=1}^{p=t}$$

$$\frac{\left(\sum_{i:T_{min}}^{i:T_b} \dfrac{Q_h h_i}{COP_h} + \sum_{j:T_b}^{j:T_{max}} \dfrac{Q_h h_j}{COP_h \cdot PL} \right) C_e + \sum_{i:T_1}^{i:T_b} P_f Q_f h_i C_f + \dfrac{\eta_m [C_h Q_{h0} + C_T'(Q_0 - Q_{h0}\eta_h)]}{t} + MC}{(1+r)^p}$$

$$(4-90)$$

式中：T_b——空气源热泵供暖系统的预设平衡点温度,℃；

T_{min}——热泵机组供暖可运行的最低室外温度,℃；

T_{max}——热泵机组供暖运行的最高室外温度(根据 GB/T 17758《单元式空气调节机》的相关规定，制热零负荷点为 13℃，取 12℃)℃；

T_1——使用地区冬季供暖期最低室外温度,℃；

Q_h——热泵机组在冬季供暖期某室外温度下的制热量,kW；

h_i——i 对应供暖期室外温度区间内某室外温度出现小时数；

h_j——j 对应供暖期室外温度区间内某室外温度出现小时数；

COP_h——热泵机组制热性能系数(应根据厂家提供的数据计算)；

PL——部分负荷热泵机组 COP 修正系数；

P_f——辅助加热设备的能源消耗量折算系数；

Q_f——辅助加热设备在冬季供暖期某室外温度下的制热量，kW；

C_f——辅助加热设备消耗能源折算单价，元/(kW·h)；

C_e——平均电价(应根据当地电价确定)，元/(kW·h)；

MC——年维护费用(应根据当地具体情况确定)，元；

r——贴现率；

η_m——设备维修费用修正系数;

t——运行成本的计算时间(一般为设备使用寿命),年。

机组 COP 修正系数按式(4-91)计算:

$$PL = \frac{CR}{Cd_h \times CR + (1 - Cd_h)} \qquad (4-91)$$

式中:Cd_h——热泵部分负荷运行时制热性能衰减系数;

CR——供暖容量比,工程应用中定义为实际制热量与设备额定容量的比例。

机组的名义制热量按式(4-92)计算:

$$Q_{h0} = \frac{Q_0'}{K_1 K_2} \qquad (4-92)$$

式中:Q_0'——预设平衡点温度下热泵机组制热量,kW;

K_1——预设平衡点温度下热泵机组修正系数,应根据厂家提供的机组制热量变化曲线或数据图表确定;

K_2——预设平衡点温度下热泵机组结除霜损失系数,应根据使用地区的冬季气象参数选取。

辅助加热设备的制热量应根据相应室外温度条件下的建筑热负荷和机组制热量,并按式(4-93)~式(4-95)计算:

$$Q_f = Q - Q_h \qquad (4-93)$$

$$Q_h = K_1(T) K_2(T) Q_{h0} \qquad (4-94)$$

$$Q = K(T - T_n)F \qquad (4-95)$$

式中:Q——建筑在冬季供暖期某室外温度下的热负荷,kW;

$K_1(T)$——热泵机组在冬季供暖期某室外温度修正系数,应根据厂家提供的机组的制热量变化曲线或数据图表确定;

$K_2(T)$——热泵机组在冬季供暖期某室外温度下结除霜损失系数,应根据使用地区的冬季气象参数选取;

K——建筑物综合传热系数,kW/(m² · ℃);

T——某一时刻室外温度，℃；

T_n——供暖室内设计温度，℃；

F——该面围护物的散热面积，m^2。

空气源热泵预设平衡点温度的全寿命周期函数 LCC 可表示为

$$LCC = f(T_b) \qquad (4-96)$$

空气源热泵最经济平衡点温度为全寿命周期函数 LCC 最小值所对应的平衡点温度。

4.3.2 空气源热泵系统控制

4.3.2.1 空气源热泵供暖系统的自控系统设计总体要求

（1）控制器、传感器、执行器以及线缆的选型、位置和安装要求。

（2）电控调节阀的选型及流通能力计算。

（3）控制点参数设计值和工况转换边界条件。

（4）控制逻辑及策略。

（5）对于冬季有冻结可能的地区，系统的防冻报警和自动保护。

（6）通信接口应采用标准通信协议。

空气源热泵用于夏季空调、冬季供暖。夏季空调采用风机盘管供冷，冬季地面供暖散热量不足的房间可同时采用风机盘管辅助供暖。

空气源热泵系统如图 4-33 所示。

4.3.2.2 空气源热泵系统常用控制环节

（1）各工况自动控制

a）夏季空调供冷工况：热泵机组为制冷模式运行；地暖分水器进口总管电动两通阀 V4 关闭，切断供暖回路。

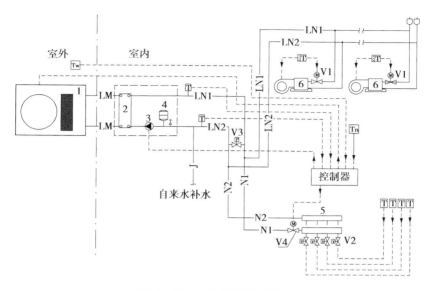

图 4 - 33　空气源热泵系统图

1—室外主机；2—制冷剂—水换热器；3—冷热水循环泵；

4—膨胀罐；5—分集水器；6—风机盘管

b)冬季供暖工况：热泵机组为制热模式运行；地暖分水器进口总管电动两通阀 V4 打开，热水通过供暖地面供暖，同时也可通过运行的风机盘管辅助供暖。

（2）空调室温控制方式

a)空调房间设带冬夏转换和三挡风量开关的温控器，风机盘管根据需要手动开关或选择风量；根据室内温度控制断电常闭的风机盘管水路电动两通阀 V1 开闭；空调供暖供回水总管之间设自力式压差旁通阀 V3，根据系统压差调节开度。

b)风机盘管不设置水路电动两通阀 V1，室温控制风机盘管风机启停；但风盘总供水管需增设电动两通阀 V4，冬季采用地面供暖模式时，V4 才关闭空调回路；需要风机盘管辅助供暖时，可自动或手动打开 V4。

（3）地面供暖室温控制方式

a）各房间或区域设室温控制器，控制地暖集水器对应分支路电热阀 V2 的开闭；根据系统压差旁通阀 V3 开闭；适用于要求分室或分区域控制的较大户型系统。

b）分支路不设置电热阀 V2，户内有代表性位置设一个室温控制器，控制供暖总管上的电动两通阀 V4 的开闭；水路 V4 关闭时，室外主机及冷热水水泵停止运行；适用于要求分户总体控制的较小户型。

（4）空调供暖容量调节和热泵机组自动启停控制

供冷或供暖水温可自动或通过控制器面板设定供水温度，供回水额定温差 5℃。

室外主机为变速产品：如果系统供回水温差较大，室外主机高速运转；温差较小，室外主机降速，部分负荷运转；供冷回水温度低于设定温度 2℃ 或供暖回水温度高于设定温度 2℃ 时，室外主机停止运转。室外主机为定速产品：回水温度或/和室温控制室外主机启停。

（5）供暖水温设定和控制

a）具有自动调节供暖水温的设备可选择自动调节模式，根据室外温度，在设备水温范围内自动设定热水供水温度，室外温度越低，供水温度设定值越高。

b）可通过控制器面板手动设定恒定的供暖水温，自动维持设定水温。

4.3.2.3　空气源热泵供暖系统的电气系统安全保护设计要求

空气源热泵供暖系统配电线路应按照设计要求装设短路保护、过负荷保护、接地故障保护、过电压及欠电压保护，作用于切断供电电源或发出报警信号；空气源热泵机组、水泵、风机应装设相间短路保护和接地故障保护，并应根据具体情况装设过负荷、断相或低电压保护；辅助热源应有安全保护措施。

空气源热泵供暖系统监测应包括下列内容：

（1）室外空气温度，必要时监测室外空气相对湿度。

（2）室内空气温度。

（3）供暖系统供、回水温度。

（4）热媒介质循环流量或供热量。

（5）电功率与耗电量。

（6）空气源热泵机组、循环水泵、辅助热源等设备运行状态、故障状态和手自动状态参数。

4.3.2.4　空气源热泵供暖系统的节能控制要求

（1）系统可根据室外气象参数、供暖末端供热能力和室内需求负荷进行供水（或回水）温度设定值的再设定。

（2）系统可根据季节、昼夜、房间占用状态进行室内温度设定值的再设定。

（3）系统和空气源热泵机组均可按使用时间进行定时启停控制，并对启停时间进行优化调整。

（4）空气源热泵可采用智能的除霜控制策略，可远程控制启停和设定温度。

（5）风机盘管可采用电动水阀和风速相结合的控制方式，能通过联网群控管理。

4.3.2.5　安全防护设计

空气源热泵供暖系统的防雷与接地设计除应符合 GB 50057《建筑物防雷设计规范》和 JGJ 16《民用建筑电气设计规范》的要求外，还应符合：

（1）空气源热泵供暖系统所有设备金属外壳、金属导管、金属槽/盒和线缆屏蔽层，均应可靠接地。

（2）当供电线缆和信号线缆由室外引入室内时，应配置电源和信号室外电涌保护器。

空气源热泵供暖系统电源干扰的防护应符合 JGJ 16《民用建筑电气设计规范》的要求。

空气源热泵供暖系统配电系统的电击防护应符合 GB 16895.21《低压电气装置 第 4－41 部分：安全防护 电击防护》、GB 50303《建筑电气工程施工质量验收规范》以及 JGJ 16《民用建筑电气设计规范》的要求。

空气源热泵供暖系统谐波源设备的电磁兼容及谐波限值要求除应符合 GB/T 18039.3《电磁兼容 环境 公共低压供电系统低频传导骚扰及信号传输的兼容水平》的要求外，还应符合：

（1）配电系统电源质量不应受到电磁谐波干扰。

（2）信号传输线缆宜选用屏蔽型绞线。

（3）室内外主机的线路敷设应远离电视机或音响设备。

（4）数字式控制器或无线控制器设置应远离灯具等高频干扰源。

4.4 空气源热泵安装调试

4.4.1 主机安装

主机安装位置如图 4－34 所示，主机用螺栓固定，机组下方有减震垫、水泥墩、排水沟。

归纳一下主机的安装位置要求：有安装基础、用螺栓固定、有减震措施、有排水道。

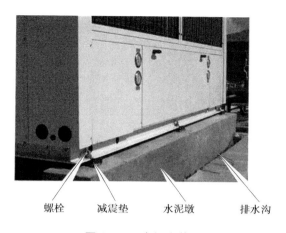

螺栓　　　减震垫　　　水泥墩　　　排水沟

图 4 - 34　主机安装图

主机安装还要考虑与周围物体的距离，距离太近会影响换热。总体要求是通风良好、有足够的维修空间。规范要求距离房顶不小于 3m，距离前后物体不小于 2m，机组之间不小于 1m。主机安装要求如图 4 - 35、图 4 - 36 所示。

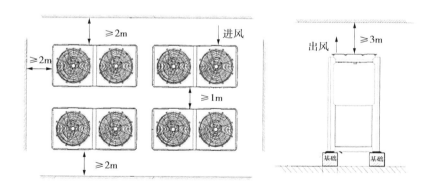

图 4 - 35　主机安装要求图 1

另外，要求机组安装要有一定的防护措施，以防人为破坏。

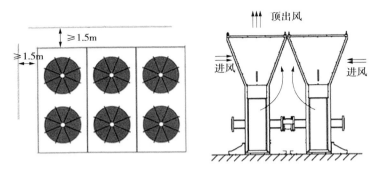

图 4 - 36 主机安装要求图 2

多模块组合示意(同程联接)如图 4 - 37 所示。

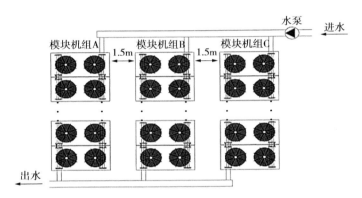

图 4 - 37 多模块组合示意图

单模块组合示意(同程联接)如图 4 - 38 所示。

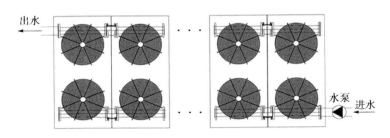

图 4 - 38 单模块组合示意图

机组安装环境控制应满足下列要求：

（1）尽量不选阳光直射的地方。

（2）不选卧室的窗台或卧室的附近。

（3）进、出风有足够的距离，便于散热。

（4）能承受室外机自重的 2 倍~3 倍的地方。

（5）没有油烟或其他腐蚀气体的地方。

（6）不影响其他因素或环境的地方。

4.4.2　风机盘管安装

风机盘管安装方式如图 4-39 所示。

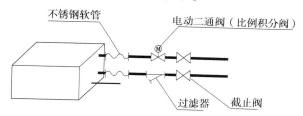

图 4-39　风机盘管安装方式

室内部分主要是风机盘管的安装。图 4-40 是一个标准的风机盘管安装图，在风盘的进口前安装有金属软管、过滤器和截止阀，在风盘的出口安装有金属软管、电动两通阀或三通阀以及截止阀。

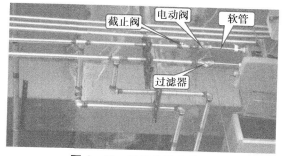

图 4-40　风机盘管安装图

风管安装如图 4 - 41 所示，风管与房间送风口之间要加软连接，既减震又便于安装。

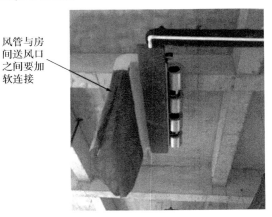

风管与房间送风口之间要加软连接

图 4 - 41 风管安装图

出风口与风管之间要加 50mm ~ 200mm 的软连接并保温，如图 4 - 42 所示。

出风口与风管之间加软连接并保温

图 4 - 42 风管连接及保温

风管水平安装，直径或长边尺寸：小于或等于400mm，间距不应大于4m；大于400mm，不大于3m。

风管垂直安装，间距不应大于4m，单根直管至少应有两个固定点。

4.4.3　地暖安装

(1)地暖或热水的管道管径与管材的选择

推荐使用 PP - R 管：不易结垢、水阻小。

料管的壁厚与其压力等级有关，一般空调地暖系统采用 S4(PN1.6MPa)级管道，生活热水系统采用 S2.5(PN2.5MPa)级的管道。

(2)地暖盘管敷设设计

回折型布置(见图 4 - 43)：热量比较平均。

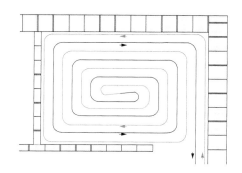

图 4 - 43　回折型布置图

双平行型布置/双 S 形布置(见图 4 - 44)：热量有偏差。

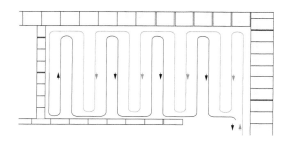

图 4 - 44　双平行型布置/双 S 形布置图

地暖盘管的铺设应满足 JGJ 142—2012《辐射供暖供冷技术规程》的要求。

4.4.4 辅助设备安装

（1）主机进、出水口

主机进、出水口安装软接、压力表、温度计、蝶阀，如图4－45所示。

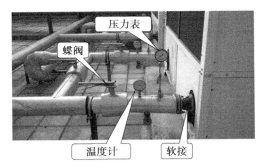

图4－45　主机进、出水口安装图

（2）水泵

水泵的安装相对复杂，主要要求是保证水泵正常工作并且便于检修。在其前后安装的零部件较多，形成标准的组件，包括手动截止阀、Y形过滤器、软接头、压力表、止回阀等，如图4－46所示。

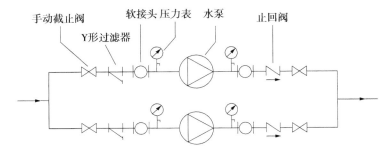

图4－46　水泵安装示意图

图4-47、图4-48所示的水泵安装实例中安装了过滤器、软接、减震橡胶止回阀、蝶阀。

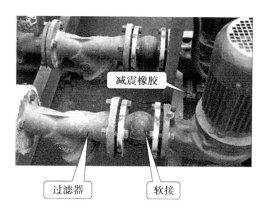

图4-47　水泵安装实例图1

图4-48　水泵安装实例图2

总结一下水泵的安装要求：水泵前后安装软接头，水泵进口的软接前安装Y形过滤器，水泵的下方安装减震器，水泵出口安装止回阀，水泵组件前后安装蝶阀方便维修。

（3）膨胀水箱

膨胀水箱是让水系统能够适应因水温变化引起的体积膨胀，稳定水压，使水系统稳定工作的重要装置，由补水管、膨胀管、溢流管、排污管以及防冻用的循环管等组成，如图 4 – 49 所示。利用膨胀管与循环管之间的微压差使水形成微循环，达到防冻的目的。

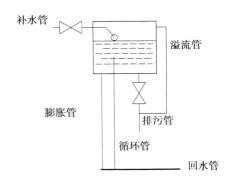

图 4 – 49　膨胀水箱安装示意图

膨胀水箱在安装时应注意：水箱要比系统最高点至少高 1m；水箱安装在水泵的吸入侧，也就是回水管一侧，以便将补水吸入；在冬季寒冷地区要增加防冻措施。

4.4.5　水管施工

为了将主机、风机盘管以及辅助设备连接起来，就要进行水管施工。这项工作主要包括：支、吊架安装，排水管安装，管道连接，管道试压，管道清洗，管道保温及防护。

（1）管道支、吊架安装

管道施工需要安装支架或吊架，为了使管道固定可靠不变形，吊架的间距就要按规范施工，如图 4 – 50 所示。

钢管管道支、吊架的最大间距见表 4 – 18。

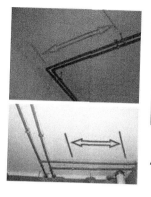

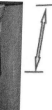

间距按规范施工

图 4 - 50　管道支、吊架安装

表 4 - 18　钢管管道支、吊架的最大间距

公称直径/mm		15	20	25	32	40	50	65
最大间距/m	保温管道	1.5	2	2	2.5	3	3	4
	不保温管道	2.5	3	3.5	4	4.5	5	6
公称直径/mm		80	100	125	150	200	250	300
最大间距/m	保温管道	4.5	5	6.5	7	8	8.5	8.5
	不保温管道	6.5	7	8	9.5	11	12	12

　　工程中常用 DN15 的供水管，由表 4 - 18 可知吊架的间距应不大于 1.5m。

　　（2）排水管安装

　　排水管安装如图 4 - 51 所示。

　　排水管吊架间距见表 4 - 19。

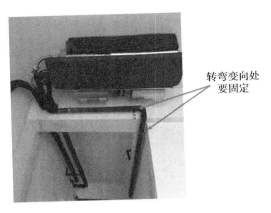

转弯变向处
要固定

图 4 – 51　排水管安装

表 4 – 19　排水管吊架间距　　　　　　　　mm

水管外径	$\phi \leqslant 25$	$32 > \phi \geqslant 25$	$\phi \geqslant 32$
横管间距	800	100	1500
立管间距	1500		2000

　　排水管一般是塑料管，吊架的间距比较小。由表 4 – 19 可知，排水管外径在 25mm 以下的，吊架间距应不大于 800mm，间距过大会产生气囊。

　　(3)管道试压

　　试验压力要求：当工作压力小于或等于 1.0MPa 时，试验压力为工作压力的 1.5 倍，但最低不可低于 0.6MPa；当工作压力高于 1MPa 时，试验压力 = 工作压力 + 0.5MPa。

　　管道试压的标准：试压采用的是手动或者电动试压泵(见图 4 – 52)，试压合格的判定标准是在试验压力下保持 10min 不漏水，在工作压力下保持 60min 不漏水。

　　试压注意事项：第一是系统分隔，就是将试压段的管道与主机和风机盘管隔断，也就是关闭两个截止阀，打开旁通阀(截止阀和

图4-52　试压泵

旁通阀的位置如图4-53所示）；第二是开启水系统上的各排气阀，排尽空气后再关闭，如果是自动排气阀就不需要操作。

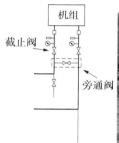

图4-53　截止阀和旁通阀的位置

（4）管道清洗

管道试压后要对其进行清洗。管道清洗方法：第一，应将止回阀的阀芯等拆除，待清洗完成后复位；第二，清洗以出水口的水色和透明度与入水口的目测一致为合格；第三，清洗完成后，清理过滤网并检查是否损坏；第四，再循环试运行2h以上，且水质正常后才能与空调设备相贯通。注意事项：清洗时，必须使主机和风机盘管与管道分隔。

（5）管道保温

管道试压后要进行保温工作，如图 4 - 54 所示。管道保温安装按下列步骤进行：

a）无接口的管和管道铺设同时进行，留出接口、焊点。

b）试压无漏后进行全面保温。

c）穿墙套管与保温水管间填充柔性的不燃材料。

d）阀门、过滤器及法兰部位单独保温以便拆卸。

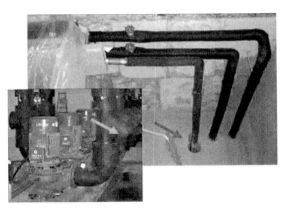

图 4 - 54　管道保温

（6）管道防护

对于在露天的冷热水管道还要进行保温层的防护，如图 4 - 55 所示，可以用镀锌铁皮或铝箔进行包裹防护。

至此，水管施工完成，可以进行下一步机组配电和通信施工。

4.4.6　机组配电和通信施工

机组配电和通信施工按图 4 - 56 进行。

机组配电所使用的电源线规格应按照说明书的要求选取。实际工程中还需要专门制作一个电气箱，用来安装辅助电加热和水泵的交流接触器。各模块电源是单独控制的，方便机组管理及维修。

图 4 – 55　管道防护

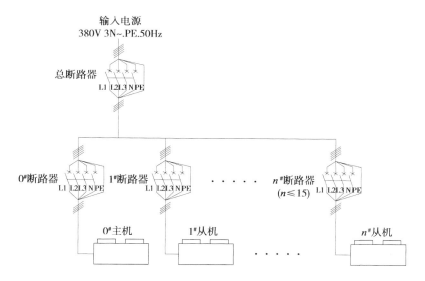

图 4 – 56　机组配电和通信施工图

4.4.7 机组调试

机组调试要求见表 4 - 20。

表 4 - 20 机组调试要求

序号	分类	具体内容
1	机组部分	机组冷冻油已提前预热 8h
		压缩机冷冻油位正常，不缺油
		机组系统无泄漏
		机组不受火、易燃物、腐蚀性气体、废气等的影响
		机组换热维修空间足够
		机组外观无损伤
		机组已做减震并固定
2	水系统部分	水泵流量足够
		水泵能正常运行
		水系统已清洗干净，并已完全排除了系统内的空气
		水泵和机组前已安装过滤器
		系统能自动补水
3	电气部分	电源线线径符合机组选型手册的要求，且接线正确
		机组已接地，且地线线径符合选型手册的要求
		机组所配空开符合机组选型手册的要求
		电源电压偏差不超过额定电压的 5%
		电源三相不平衡度小于 2%
		机组各相及各相对地绝缘值大于 1m
4	末端部分	末端机组能正常开启

在以上条件都确认无误之后，逐台进行开机调试，然后全开观察机组运行数据。

机组调试运行记录单格式见表 4 - 21。

表4-21　机组调试运行记录单

工程名称		调试员		调试日期	
机型		条码			

<table>
<tr><td colspan="5" align="center">参数记录(运行模式：_____)</td></tr>
<tr><td rowspan="2">序号</td><td rowspan="2">参数项目</td><td colspan="3" align="center">运行时间</td></tr>
<tr><td>30min</td><td>60min</td><td>90min</td></tr>
<tr><td>1</td><td>设定进水温度值/℃</td><td></td><td></td><td></td></tr>
<tr><td>2</td><td>室外环境温度/℃</td><td></td><td></td><td></td></tr>
<tr><td>3</td><td>进水温度/℃</td><td></td><td></td><td></td></tr>
<tr><td>4</td><td>出水温度/℃</td><td></td><td></td><td></td></tr>
<tr><td>5</td><td>防冻温度/℃</td><td></td><td></td><td></td></tr>
<tr><td>6</td><td>排气温度/℃</td><td></td><td></td><td></td></tr>
<tr><td>7</td><td>高压压力/bar</td><td></td><td></td><td></td></tr>
<tr><td>8</td><td>低压压力/bar</td><td></td><td></td><td></td></tr>
<tr><td colspan="5">注：1bar = 0.1MPa。</td></tr>
</table>

机组安装时的注意事项：

(1)外机安装要有组合的换热空间，避免机组保护。

(2)在水循环系统的最高点或具体突出处安装手动或自动排气阀，以避免水流量减少引起机组保护。

(3)水路清洗时，必须将机组旁通，以免污水进入机组。

(4)冬季不用时，要将系统内的水放掉防止冻坏管道。

(5)冷冻水泵的流量及扬程要足够，防止机组压力异常而保护。

(6)电源线、空开按选型手册选取，避免过流保护及安全隐患。

第5章 空气源热泵能效测试方法及节能、减排评价方法

5.1 能效测试标准及测试方法

5.1.1 现状分析

随着人民生活水平的提高和经济的快速发展，用于采暖和空调系统等的能源消耗也在逐年增加，约占社会总能耗的30%。因此为了减少能源消耗，世界各国都将节能减排列为头等大事，许多国家都对用能产品颁布和实施了能效标准和标识制度，如美国的"能源之星"制度、日本的"领跑者"制度、欧盟国家对家用电器产品施行能效标准的标识制度等，鼓励用户选用节能产品。自20世纪90年代以来，通过与美国、德国、日本等国家相关机构组织和专家的交流互访，了解到国外能效标准的制定与实施活动正在深入进行，取得了节约能源、提高产品质量的效果，为我国能效标准的研究提供了许多可供借鉴的经验。而且，随着国内生产企业的升级换代，我国制冷空调产品的研制、生产水平也有了很大提高，为进一步提高能源利用效率、促进节能创造了技术条件。我国能效标准的研究工作进入了一个稳步发展的阶段，能效标准涉及的产品范围已由家用电器逐步扩展到工商用制冷、热泵设备。

我国于2003年首先实施了电冰箱能效等级标准（GB 12021.2—

2003《家用电冰箱耗电量限定值及能源效率等级》)。该标准不仅规定了电冰箱在标准状况下耗电量的限定值,还规定了电冰箱的能效等级为 1 级 ~5 级,其中 1 级是最高效的产品,约占 5%;2 级代表节能型产品的门槛,即节能评价值,节能产品认证技术需要达到的要求,约占 20%;3 级、4 级代表我国的平均水平;5 级产品是未来淘汰的产品。该标准于 2008 年和 2015 年进行了两次修订,并且能效等级提高了 2 级。目前,已对电冰箱、房间空调器、单元式空气调节机和冷水机组,还包括多联式空调(热泵)机组以及变频空调在内的制冷空调设备都设立了能效等级标准。对水源热泵、制冷陈列柜和展示柜等的能效等级标准也在制定中。我国能效标准的实施不但取得了可喜的成就,其成功经验也表明有效实施能效标准能促进制冷空调相关技术的提升,为节能、减排以及经济的可持续发展发挥了积极的作用。

据不完全统计,到目前为止,已有超过 50 个国家和地区实施了能效标准和能效标识制度。大量研究和实践证明,能效标准和能效标识制度已经成为提高用能产品能源效率和实现节能战略目标的重要政策和技术措施。

5.1.2　测试标准

5.1.2.1　标准

标准是生产管理的法规。我国的标准按照制定的主体主要分为国家标准、行业标准、地方标准以及团体标准和企业标准。

其中,国家标准是指由国家标准化主管机构批准发布,对全国经济、技术发展有重大意义,且在全国范围内统一的标准。国家标准是在全国范围内统一的技术要求,由国务院标准化行政主管部门编制计划,协调项目分工,组织制定(含修订),统一审批编号、发布。国家标准的年限一般为 5 年，过了年限后，原则上国家标准就要被修订或重新制定。

5.1.2.2　APF 指标的重要意义

在制冷空调系统中，评价机组的性能经历了三个阶段的变化：第一阶段是单点静态评价，即用单一测试工况的结果说明机组的全工况性能，如用额定制热量、制冷量以及 COP 衡量全工况性能；第二阶段是多点静态评价，即利用多个测试工况的结果，说明机组在不同环境下的运行情况，以衡量在部分负荷时的机组运行性能；第三阶段是动态评价，即利用季节性能评价指标，利用多测试点测试结果，对应部分负荷下实际冷热负荷进行加权计算。

动态评价季节性能评价指标可以分为两类：APF（annual performance factor）体系和 IPLV（integrated part-load value）体系。SEER、SCOP、CSPF、HSPF、APF 等性能评价方法都属于 APF 体系；而 IPLV 和 IEER 性能评价方法均可归类为 IPLV 体系。

IPLV 指标是将空调/制热时间发生小时数分布进行分块统计，并用几个典型工况点的性能指标加权计算出指标以表示机组的季节运行性能；而 APF 指标则是将制热时间发生小时数分布按 1℃ 为间隔进行划分，并根据有限工况点的实测性能折算到每个外温（按照 1℃ 间隔）时的性能，再进行加权计算获得机组的季节运行性能，其计算方法更加精细。

APF 和 IPLV 指标主要有以下差异：

（1）APF 与 IPLV 定义不同、单位不同、含义不同。

APF 是机组总的制冷/制热量与总耗电量的比值，而 IPLV 则是不同工况点的 COP 加权之和。APF 的单位是（kW · h）/（kW · h），而 IPLV 的单位是 kW/kW，实际上不能充分反映机组的季节运行特征。

（2）IPLV 指标划分不明确；APF 通常以 1℃ 为分度，更加准确可靠。

IPLV 计算式中各负荷性能系数的权重系数确定实际上没有明确的方法，导致不同的划分方法所得出的结论存在差异；而 APF 通常以外温按 1℃ 进行分度（温频），由此进行的负荷计算和开机发生小时数统计更为准确、精细。

（3）APF 可以评价全年能源消耗效率，IPLV 则分开评价制冷季和制热季。

IPLV 指标最早只是考察制冷性能，之后期才逐渐考虑用于评价制热性能。实际上，在考察制冷季与制热季时，有制冷 IPLV（C）和制热 IPLV（H）两个计算公式，分开评价。而 APF 指标，可以分别考察制冷季与制热季的性能系数 CSPF、HSPF，也可考察全年性能系数 APF。

此外，IPLV 指标会使厂家刻意优化部分负荷测试点的机组性能，而导致其他工况点的性能系数并不能显著提高。因此，虽然 IPLV 指标能够反映机组全工况性能的特征和趋势，但由于它存在的缺点，所以它不能很好地服务于机组的季节性能评价。

空气源热泵的性能评价采用 APF 指标的科学性主要表现在以下三个方面：

（1）APF 是机组总冷（热）量与总耗电量之比，更能反映实际性能，含义明确、清晰；IPLV 在评价变容量机组性能方面尚存在一定的争议。

（2）空气源热泵机组的性能受室外工况影响显著，APF 指标通常以 1℃ 划分区间，能更加准确、可靠地反映空气源热泵的性能。

（3）空气—空气、空气—水热泵机组采用统一的 APF 性能指标体系，便于相同功能的机组进行对等评价，有助于企业确立产品发展方向。对于服务于相同功能的建筑，采用对等的评价方法，对于设计人员、消费者都非常清晰地了解哪种系统更适合某个工程。

国内外越来越多的标准采用 APF 指标来衡量机组全工况性能。下面简要介绍世界各国及组织在空调制冷产品方面比较有影响力的标准及其内容。

表5-1 总结了房间空调的季节性能评价指标。从中可以看出，国内外房间空调器基本都经历了从单一性能评价（如 COP、制冷量）向综合多点评价的过程，目前基本都是采用 APF 作为季节性能评价标准进行评价。

表5-1 国内外房间空调器性能评价指标

标准号	名称	评价指标
GB/T 7725—1996	房间空气调节器	EER、COP
GB/T 7725—2004	房间空气调节器	变频空调器推荐采用 APF 评价
GB 21455—2019	房间空气调节器能效限定值及能效等级	强制要求 APF 评价并给出限定值
JISB 8615—1：1999	直吹式空调	COP
JISC 9216：1999	房间空气调节器	制冷量和耗电量
JISC 9216：2015	房间空气调节器	APF
AHRI 310/380	单元式空调（<19kW）	多点评价
PrEN14825：2010	空间加热和冷却用带电动压缩机的空调部分	SCOP、SEER
ISO 16358：2013	风冷空调与空气—空气热泵	HSPF、CSPF、APF

表5-2 总结了单元式空气调节机的季节性能评价指标。其性能评价指标也是从单一性能评价（如 COP、制冷量）向综合多点评价的过程，目前基本都是采用 APF 作为季节性能评价标准进行评价。

由此来看，现在国内外空气—空气热泵产品采用 APF 作为性能评价指标已经成为共识。

表 5 – 2　单元式空气调节机的季节性能评价指标

标准号	名称/类型	评价指标
GB/T 17758—1999	单元式空气调节机	COP
GB/T 17758—2010	单元式空气调节机	SEER/CSPF、HSPF、APF
JIS B 8616：1999	单元式空调机	COP、EER
JIS B 8616：2003	单元式空调机	APF
JRA 4002：2006	商用空调机	增加 APF 的性能评价要求
JRA 4048：2006	单元式空调机的季节能源效率	CSPF、HSPF 和 APF
ANSI/AHRI 340/360—2000	商业和工业单元式空调机	COP/EER
ANSI/AHRI 340/360—2007	商业和工业单元式空调机	首次采用综合能效比 IEER（＜19kW 风冷）
ANSI/AHRI 210/240—2008	单元式空调机	小容量风冷机组 IEER
PrEN14825：2010	单元式空调机	SCOP、SEER
ISO/CD 16358	单元式空调机	APF

表 5 – 3 总结了空气—水热泵机组的季节性能评价指标。其性能评价指标也是从单一性能评价（如 COP、制冷量）向综合多点评价的过程。但是，目前主要评价指标仍是 IPLV 居多，其中日本的热水器相关规范则由原来的 IPLV 作为评价标准已逐渐转变为采用 APF 作为季节性能评价标准进行评价。由此来看，现在国内外空气—水热泵产品采用季节性能指标评价已成为共识，但是采用 IPLV 还是 APF 作为性能评价指标，各个国家行业协会仍存在差异。

表5-3 空气—水热泵机组的季节性能评价指标

标准号	名称/类型	评价指标
GB/T 18430—2001（系列标准）	蒸气压缩循环冷水（热泵）机组	点评价
GB/T 18430—2007（系列标准）	蒸气压缩循环冷水（热泵）机组	COP、IPLV
GB/T 25127—2010（系列标准）	低环境温度空气源热泵（冷水）机组	COP、IPLV
GB 19577—2004	冷水机组能效限定值及能源效率等级	COP
GB 19577—2015	冷水机组能效限定值及能效等级	COP、IPLV
JIS B 8613：1994	冷水机组（含空气—水）	COP
JRA 4060：2014	工商业用热泵热水器	APF（首次制定）
JIS C 9220—2011	居民用热泵热水器	APF（首次制定）
ANSI/AHRI 210-240：2017	单元式空调和空气源热泵设备	采用 SCOP 和 SEER 评价
PrEN 14825：2010	空间加热和冷却用带电动压缩机的空调部分	采用 SEER 评价

5.1.3　测试方法

5.1.3.1　HSPF 指标理论计算方法

HSPF 指标是 APF 指标体系的一部分。APF 指标是全年运行综合性能系数，按季节划分，可以分为制冷季节性能指标 CSPF（cooling seasonal performance factor）和制热季节性能指标 HSPF（heating seasonal performance factor）。

制热季节性能指标 HSPF 表示空调热泵装置在整个制热季节向

室内送入的总热量(即制热季节制取的总热量)与消耗的总电量之比，定义式为

$$HSPF(SCOP) = \frac{HSTL}{HSTE} \qquad (5-1)$$

式中：HSTL——空调热泵装置在制热季节向室内送入的总热量，W·h；

　　　　HSTE——空调热泵装置在制热季节消耗的总电量，W·h。

　　HSPF 指标与 IPLV(H)本质相同，也可采用几个测试点的性能结合制热时间发生小时数分布来得到全年运行性能。两者不同的是，IPLV(H)指标是将制热时间发生小时数分布进行分块统计，并用几个典型工况点的性能指标加权计算出指标以表示机组的季节运行性能；而 HSPF 指标则是将制热时间发生小时数分布按 1℃ 为间隔进行划分，并根据有限个工况点的实测性能折算到每个外温(按照 1℃ 间隔)时的性能，再进行加权计算获得机组的季节运行性能，其计算方法更加精细。

5.1.3.2　HSPF 指标测试与计算方法

　　测量 HSPF 指标时，需通过测试典型工况下的性能，以建立其全工况性能模型。一般情况下，适当增加测试工况的数量，有利于提高所建性能模型的精度，但这样会使测试成本和能耗增大，因此寻找有限个(数量尽可能少)能够更为准确地反映产品性能的工况点，就成为空调热泵装置的全工况性能评价的一个重要任务。

　　以欧盟 PrEN14825—2010 标准为例，其在冬季测试时选取了 6 个测试工况点：

　　A：-7℃/-8℃(较暖气候区不适用)；

　　B：2℃/1℃；

　　C：7℃/6℃；

　　D：12℃/11℃；

E：$T_{oa} = T_{OL}$（运行极限温度）；

F：$T_{oa} = T_{bivalent}$（辅助电加热开启温度）。

因此，HSPF 指标的确定必须解决三个基本要素：典型建筑的负荷模型、热泵空调装置运行的时间分布模型和机组的性能模型。

（1）长江流域采暖建筑负荷模型

长流流域区域属于夏热冬冷气候区域（环境温度不低于 $-15℃$ 的区域），制热工况下房间热负荷根据名义制热量的明示值由式（5 - 2）进行计算，房间热负荷率曲线如图 5 - 1 所示。

$$L_{h}(t_j) = \phi_{fulh}(t_{fulh}) \times \frac{t_{0h} - t_j}{t_{0h} - t_{fulh}} \qquad (5 - 2)$$

式中：$L_{h}(t_j)$——温度 t_j 时的房间热负荷，W；

$\phi_{fulh}(t_{fulh})$——机组的名义制热量明示值，W；

t_{fulh}——机组热源侧名义工况，℃（长江流域区域为 $-2℃$。考虑机组在夏热冬冷地区的经济性及安全性，建议名义制热工况的室外干球温度为 $-2℃$。该温度高于主要城市的室外采暖计算温度）；

t_{0h}——使用建筑的制热零负荷点，℃（对于户用及类似用途机组为 15℃，对于工业或商业用及类似用途机组为 13℃）。

户用及类似用途机组和工业或商业用及类似用途机组的划分依据 GB/T 18430.1《蒸气压缩循环冷水（热泵）机组　第 1 部分：工业或商业用及类似用途的冷水（热泵）机组》和 GB/T 18430.2《蒸气压缩循环冷水（热泵）机组　第 2 部分：户用及类似用途的冷水（热泵）机组》：工业或商业用及类似用途机组名义制冷量 $>50kW$，户用及类似用途机组名义制冷量 $\leqslant 50kW$。

（2）长江流域空气源热泵运行的时间分布

时间的统计以南京地区作为参考。供热季节的确认原则：对于

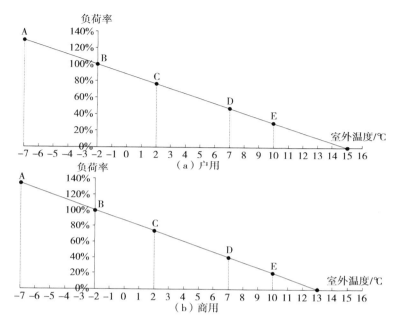

图 5-1 热负荷率曲线

夏热冬冷空气源热泵冷热水两联供机组，从日平均气温连续 3 天低于某一温度 t_h（户用为 12℃，商用为 10℃）的第 3 天开始，到日平均气温连续 3 天达到该温度 t_h 的最后一天向前数的第 3 天为止。各建筑类型统计原则见表 5-4～表 5-6。

表 5-4 运行模式

项目	商用		户用	
	租赁商铺（商店）	办公建筑（办公室）	酒店建筑	居住建筑
一周的运行天数	星期一～星期日共 7 天	星期一～星期五共 5 天	星期一～星期日共 7 天	星期一～星期日共 7 天
一天内的运行时段	9:00～22:00	8:00～18:00	全天运行	全天运行

表 5-5　户用建筑运行小时数

温度区间 j	室外温度 t/℃	小时数	温度区间 j	室外温度 t/℃	小时数
1	-7	5	13	5	248
2	-6	6	14	6	306
3	-5	7	15	7	281
4	-4	17	16	8	224
5	-3	23	17	9	180
6	-2	41	18	10	151
7	-1	53	19	11	131
8	0	97	20	12	137
9	1	166	21	13	105
10	2	201	22	14	72
11	3	253	总计		2979
12	4	275			

表 5-6　各类及综合公共建筑运行小时数

温度/℃	租赁商铺	办公建筑	酒店建筑	综合
-7	0	0	5	1
-6	0	0	6	1
-5	2	0	7	1
-4	2	2	17	4
-3	2	0	23	3
-2	4	5	41	9
-1	6	3	53	9
0	17	6	95	18
1	46	32	160	49
2	68	46	191	66
3	102	54	239	84

续表

温度/℃	租赁商铺	办公建筑	酒店建筑	综合
4	133	93	259	120
5	136	81	232	110
6	144	80	266	114
7	151	73	251	110
8	152	66	192	99
9	98	50	138	70
10	70	35	112	51
11	79	35	96	52
12	75	33	96	49
合计	1287	694	2479	1018

综合时间为各类建筑的占比情况，加权得到的公共建筑空调机组性能计算用小时数。

（3）长江流域空气源热泵 HSPF 测试方法

各测试工况点见表 5 – 7。

表 5 – 7　测试工况点

项目	负荷率		工况测试点	热源侧		使用侧状态		
	名义制冷量≤50kW	名义制冷量>50kW		干球温度/℃	湿球温度/℃	（出水温度/℃）/ ［水流量/（m³/h）］		
						地板辐射型	风机盘管型	散热器型
B 型	129%	133%	A	−7	−8	35/—ª	41/—ª	50/—ª
	100%	100%	B	−2	−3	35/—ª	41/—ª	50/—ª
	76%	73%	C	2	1	33/—ª	39/—ª	48/—ª
	47%	40%	D	7	6	31/—ª	37/—ª	46/—ª
	29%	20%	E	10	8	29/—ª	35/—ª	44/—ª

ª同名义制冷工况下的水流量(冷暖机)或名义热工况下的水流量(单热机)。

HSPF 的测试工况下制热量和制热消耗功率按照 GB/T 10870《蒸气压缩循环冷水（热泵）机组性能试验方法》的规定，主要试验采用液体载冷剂法进行试验测定和计算。

A 工况试验：在额定电源条件下，在表 5 - 7 规定的 A 工况下，定频/定速机组在工频下运行，变频/变容机组将压缩机的运行频率调至设计频率或容量，测定机组的热泵制热量和热泵制热消耗功率。

B 工况试验：在额定电源条件下，在表 5 - 7 规定的 B 工况下，定频/定速机组在工频下运行，变频/变容机组将压缩机的运行频率调至设计频率或容量，测定机组的热泵制热量和热泵制热消耗功率。

C 工况试验：在额定电源条件下，在表 5 - 7 规定的 C 工况下，定频/定速机组在工频下运行，变频/变容机组将压缩机的运行频率或容量调至适宜值，使机组的制热量 = 计算名义制热量 × 部分负载率 × (100% ± 10%)，测定机组的制热量和制热消耗功率。

D 工况试验：在额定电源条件下，在表 5 - 7 规定的 D 工况下，定频/定速机组在工频下运行，变频/变容机组将压缩机的运行频率或容量调至适宜值，使机组的制热量 = 计算名义制热量 × 部分负载率 × (100% ± 10%)，测定机组的制热量和制热消耗功率。

E 工况试验：在额定电源条件下，在表 5 - 7 规定的 E 工况下，定频/定速机组在工频下运行，变频/变容机组将压缩机的运行频率或容量调至适宜值，使机组的制热量 = 计算名义制热量 × 部分负载率 × (100% ± 10%)，测定机组的制热量和制热消耗功率。

机组的测试工况偏差见表 5 - 8。

表 5 - 8　　HSPF 测试试验工况偏差（平均变动幅度）

项目		使用侧		热源侧（或放热侧）	
		水流量 $m^3/(h \cdot kW)$	出口水温 ℃	干球温度 ℃	湿球温度 ℃
HSPF	A	±5%	±0.3	±0.5	±0.5
	B			±0.3	±0.2
	C			±0.5	±0.5
	D			±0.3	±0.2
	E			±0.3	±0.2

（4）长江流域空气源热泵 HSPF 计算方法

制热季节性能指标 HSPF 的计算参见式（5 - 1），制热季节总热量 HSTL 按式（5 - 3）进行计算，制热季节耗电量 HSTE 按式（5 - 4）进行计算。

$$HSTL = \sum_{j=1}^{n} L_h(t_j) \times n_j \qquad (5-3)$$

式中：$L_h(t_j)$——温度 t_j 时的房间热负荷，W；

n_j——制热季节中制热的各温度下工作时间，h。

$$HSTE = \sum_{j=1}^{n} \left[\frac{L_h(t_j) - P_{RH}(t_j)}{COP_{bin}(t_j)} + P_{RH}(t_j) \right] \times n_j \qquad (5-4)$$

式中：$COP_{bin}(t_j)$——各工作温度下的 COP，通过测试和计算获得，W/W；

$P_{RH}(t_j)$——机组在温度 t_j 时，加入电热装置的消耗电量，Wh。

当 $L_h(t_j) > \phi_{ful}(t_j)$ 时，如果机组制热量不足，则需要补充电量加热。$P_{RH}(t_j)$ 由式（5 - 5）确定：

$$P_{RH}(t_j) = [L_h(t_j) - \phi_{ful}(t_j)] \qquad (5-5)$$

式中：$\phi_{ful}(t_j)$——温度 t_j 时的机组实测制热量，W。

其中各工况的 COP 由机组其他各点 COP_{bin} 值按内插法或外插法得到：

$$
COP_{bin}(t_j) = \begin{cases}
COP_{bin}(t_A) + \dfrac{COP_{bin}(t_B) - COP_{bin}(t_A)}{t_B - t_A} \times (t_j - t_A), \\[1em]
\qquad\qquad t_A < t_j \leqslant t_B \\[1em]
COP_{bin}(t_B) + \dfrac{COP_{bin}(t_C) - COP_{bin}(t_B)}{t_C - t_B} \times (t_j - t_B), \\[1em]
\qquad\qquad t_B \leqslant t_j \leqslant t_C \\[1em]
COP_{bin}(t_C) + \dfrac{COP_{bin}(t_D) - COP_{bin}(t_C)}{t_D - t_C} \times (t_j - t_C), \\[1em]
\qquad\qquad t_C \leqslant t_j \leqslant t_D \\[1em]
COP_{bin}(t_D) + \dfrac{COP_{bin}(t_E) - COP_{bin}(t_D)}{t_E - t_D} \times (t_j - t_D), \\[1em]
\qquad\qquad t_D \leqslant t_j \leqslant t_E \\[1em]
COP_{bin}(t_E) + \dfrac{COP_{bin}(t_E) - COP_{bin}(t_D)}{t_E - t_D} \times (t_j - t_E), \\[1em]
\qquad\qquad t_j > t_E
\end{cases}
$$

$$(5-6)$$

在 A、C、D、E 工况试验中，若机组制热量超过要求负荷的110%时，则与要求负荷相对应的 $COP_{bin}(t_j)$ 通过式(5-7)~式(5-9)进行计算：

$$COP_{bin}(t_A, t_C, t_D, t_E) = \frac{COP_{DC}}{C_D} \tag{5-7}$$

$$C_D = 1.13 - 0.13 \cdot LF \tag{5-8}$$

$$LF = \frac{L_h(t_A, t_C, t_D, t_E)}{Q_{(A,C,D,E)}} \tag{5-9}$$

式中：　　　　COP_{DC}——制热 A、C、D、E 工况及规定的负荷率下连续制热运行时测得的 COP，W/W；

C_D——衰减系数，由于机组无法达到最小负荷，压缩机循环开停机带来的衰减；

LF——制热 A、C、D、E 工况下的负荷系数，等于相同温度条件下热负荷与机组实测制热量之比，当实测制热量低于热负荷时，LF = 1；

$L_h(t_A，t_C，t_D，t_E)$——制热 A、C、D、E 工况下的热负荷，W；

$Q_{(A,C,D,E)}$——制热 A、C、D、E 工况下的机组实测制热量，W。

5.2　节能评价方法

我国能效标准的研究与制定工作开始于 20 世纪 80 年代中期，经历了 20 世纪 80 年代的起步、90 年代的稳步发展以及 21 世纪的全面提升等三个发展阶段。在国家节能管理部门和标准化管理部门的领导与支持下，以及美国能源基金会等国内外专家的帮助与指导下，取得了长足的进步。

20 世纪 80 年代以来，美国、欧盟及其成员国、澳大利亚、新西兰、韩国、加拿大、日本、新加坡等国家和地区都先后成功制定并实施了能效标准与能效标识制度，从大量终端用能电器和设备的使用中产生可观的节能量，取得了显著的经济和环保效益。

能效标准即能源利用效率标准，是对用能产品的能源利用效率水平或在一定时间内能源消耗水平进行规定的标准。能效标准具有较高的社会和经济效益。据国际能源机构统计，目前世界上已有 34 个国家实施了能效标准。我国能效标准规定的主要是能效限定值，同时根据产品特性不同，有时也包括节能评价值、能效分等分级、超前能效指标等。能效限定值是指在规定测试条件下所允许的用能产品的最大耗电量或最低能效值，是产品在能效领域的市场准入要求，是强制要求。

能源效率标识是附在产品或产品最小包装上的一种信息标签，用于表示用能产品的能源效率等级等性能指标，为用户和消费者的购买决策提供必要的信息，以引导用户和消费者选择高效节能产品。建立和实施能源效率标识制度，对提高耗能设备能源效率，提高消费者的节能意识，加快建设节能型社会具有十分重要的意义。目前，全球已有100多个国家实施了能效标识制度。我国的能效标识为蓝白背景的彩色标识，其背部是有黏性的，顶部标有"中国能效标识"（CHINA ENERGY LABEL）字样的彩色标签，一般粘贴在产品的正面面板上。例如，空调能效标识的信息包括：生产者名称、规格型号、全年能源消耗效率、额定制冷量、额定制热量、制冷季节耗电量、制热季节耗电量、依据国家标准等。

图 5-2　能效标识样张

多年的实践证明，能效标识制度能促进产品能效的提高和节能技术的进步，推动用能产品市场向高效市场的转换，在规范用能产品市场、节能降耗、保护环境方面发挥着重要的作用。基于严峻的能源形势和显著的实施成效，能效标识制度的深入推广势在必行。

合理使用和节约能源、全面提高各种耗能产品和设备，尤其是工业耗能产品的能效水平就成为当务之急。而主要手段和有效途径就是要全面加强能效标准的制定和贯彻实施工作，这已被国外的成功经验所验证。世界上许多国家陆续从 20 世纪 70 年代末、80 年代初开始开展各种能效标准的研究与实施活动，而且大都由政府亲自主持并进行推动，用以促进本国、本地区的节能和提高能效、改善环境。不仅美国、欧盟和日本等发达国家和地区取得了成功的经验，亚洲和太平洋地区的许多发展中国家也都在开展这方面的工作，并取得了可喜的成果。借鉴先进发达国家在实施能效标识方面的经验，对我国节能工作的启示：第一，能效标识制度有效拉动了高效产品市场需求。最有效的节能途径就是使消费者购买高效产品。而能效标识制度恰好发挥了这个作用，不仅使消费者的能源费用支出逐渐减少，而且还促使生产者开发、生产更高效产品。第二，制定和实施能效标识制度抓住了节能工作的源头，因此能够取得非常显著的节能效果。随着市场经济的发展，政府职能不断转变，现在我国的节能管理工作已逐步由注重生产工艺过程、生产企业整体节能状况转移到控制源头耗能设备的节能新模式，以期取得更好的节能效果。第三，加强宣传是有效实施能效标识制度的重要保障。增加消费者对能效标识的认知和辨识水平，使消费者主动购买效率高的产品，同时也促使生产者积极主动加入到能效标识行动中。第四，建立完善而强有力的监督体系是确保能效标识制度顺利实施的关键环节。世界上大多数国家和地区都采用制造商自我声明的模式实施能效标识制度，纷纷建立了较为完善的监督体系，一般包括以下一种措施或几种措施组合：①要求制造商对产品进行测试；②要求企业向特定机构注册或报告产品的能效特性；③建立数据库，跟踪能效信息并公之于众；④通过接受投诉，识别"高度质疑"的产品；⑤建立制造商互相监督的机制；⑥设立由公共财政支持的国家抽查测试项目；⑦对实施效果进行定期评估等。第五，建立相应的激励优惠政策是促进能效标识制度顺利实施的重要手段。国外针对生产和使用高效节能产品的企业和消费者制定和实施了相应的激励政策，如对企业实施减免税政策，向消费者提供购买补贴，将高效产品纳入政府采购计划等。这些都为企业不断开发节能技术、消费者购买高效优质产品提供了动力，促使用能产品能效的持续提高。

我国已经把节能减排作为一项重要国策，并取得了令人瞩目的成就。制冷与热泵产品的能效标准的制定与推行，为节能减排计划的实施提供了法律依据。但在我国，很多制冷与热泵产品还没有相关的能效标准，这在长江流域地区的空气源热泵采暖产品中体现的比较明显，各项标准中关于空气源热泵制热 COP 的规定不明确，回顾相关标准，只有 2019 年发布的 GB 37480—2019《低环境温度空气源热泵（冷水）机组能效限定值及能效等级》中对华北地区低环温下的制热 COP 和 IPLV 做出了能效限定，但并不适用于长江流域地区。因此建议在制定制冷与热泵的产品标准和相关能效标准时，应加强热泵工况 COP 和 APF 数据的研究。

5.3 常规能源替代量及节能减排量的计算方法

长江流域民用建筑分户供暖常规能源替代量及节能减排量的计算按照下列方法进行。

（1）常规能源替代量评价

a）空气源热泵供暖系统的常规能源替代量 Q_s 按式（5-10）计算：

$$Q_s = Q_t - Q_r \qquad (5-10)$$

式中：Q_s——常规能源替代量，kgce；

　　　Q_t——传统系统的总能耗，kgce；

　　　Q_r——空气源热泵系统的总能耗，kgce。

b）常规系统的供暖总能耗 Q_t 按式（5-11）计算：

$$Q_t = \frac{Q_H}{\eta_t q} \qquad (5-11)$$

式中：Q_t——常规系统的供暖总能耗，kgce；

　　　q——标准煤热值，MJ/kgce（取 $q = 29.307\text{MJ/kgce}$）；

　　　Q_H——长期测试时，为系统记录的总制热量，短期测试时，根据测试期间系统的实测制热量和室外气象参数，采用度日法计算供暖季累计热负荷，MJ；

　　　η_t——以传统能源为热源时的运行效率（按项目立项文件选取，当无文件规定时，根据项目适用的常规能源，其效率应按表 5-9 确定）。

表 5-9　以传统能源为热源时的运行效率 η_t

常规能源类型	热水系统	供暖系统	热力制冷空调系统
电	0.31	—	—
煤	—	0.70	0.70
天然气	0.84	0.80	0.80
注：综合考虑火电系统的煤的发电效率和电热水器的加热效率。			

c）整个供暖季空气源热泵系统的年制热总能耗 Q_{rh} 应根据实测的系统能效比和建筑全年累计热负荷按式（5-12）计算：

$$Q_{rh} = \frac{DQ_H}{3.6COP_{sys}} \qquad (5-12)$$

式中：Q_{rh}——空气源热泵系统年制热总能耗，kgce；

D——每度电折合所耗标准煤量，kgce/（kW·h）（根据国家统计局最近两年内公布的火力发电标准耗煤水平确定，并在折标煤量结果中注明该折标系数的公布时间及折标量）；

Q_H——建筑全年累计热负荷，MJ；

COP_{sys}——热泵系统的制热性能系数。

d）当空气源热泵系统既用于冬季供暖又用于夏季制冷时，常规能源替代量应为冬季和夏季替代量之和。

（2）环境效益评价

a）空气源热泵系统每年二氧化碳减排量 Q_{CO_2} 按式（5-13）计算：

$$Q_{CO_2} = Q_s \times V_{CO_2} \qquad (5-13)$$

式中：Q_{CO_2}——每年二氧化碳减排量，kg；

Q_s——常规能源替代量，kgce；

V_{CO_2}——标准煤的二氧化碳排放因子（取 $V_{CO_2} = 2.47$ kg/kgce）。

b）空气源热泵系统每年二氧化硫减排量 Q_{SO_2} 按式（5-14）计算：

$$Q_{SO_2} = Q_s \times V_{SO_2} \qquad (5-14)$$

式中：Q_{SO_2}——每年二氧化硫减排量，kg；

V_{SO_2}——标准煤的二氧化硫排放因子（取 $V_{SO_2} = 0.02$ kg/kgce）。

c）空气源热泵系统每年粉尘减排量 Q_{fc} 按式（5-15）计算：

$$Q_{fc} = Q_s \times V_{fc} \qquad (5-15)$$

式中：Q_{fc}——每年粉尘减排量，kg；

V_{fc}——标准煤的粉尘排放因子（取 $V_{fc} = 0.01$ kg/kgce）。

（3）经济效益评价

a）空气源热泵系统每年节约费用 C_s 按式（5-16）计算：

$$C_s = P \times \frac{Q_s \times q}{3.6} - M \qquad (5-16)$$

式中：C_s——空气源热泵系统每年节约费用，元；

　　　q——标准煤热值，MJ/kgce（取 $q = 29.307$MJ/kgce）；

　　　P——常规能源的价格，元/（kW·h）；

　　　M——每年运行维护增加费用，元（由建设单位委托运行维护部门测算得出）。

常规能源的价格 P 应根据项目立项文件所对比的常规能源类型进行比较，当无文件明确规定时，由测评单位和项目建设单位根据当地实际用能状况确定常规能源类型，应符合下列规定：

①常规能源为电时，对于热水系统 P 为当地家庭用电价格，供暖和空调系统不应考虑常规能源为电的情况。

②常规能源为天然气或煤时，P 应按式（5-17）计算：

$$P = P_r/R \qquad (5-17)$$

式中：P——常规能源的价格，元/（kW·h）；

　　　P_r——当地天然气或煤的价格，元/Nm³ 或元/kg；

　　　R——天然气或煤的热值（天然气的 R 值取 11kW·h/Nm³，煤的 R 值取 8.14kW·h/kg）。

b）空气源热泵供暖系统增量成本静态投资回收年限 N 按式（5-18）计算：

$$N = C/C_s \qquad (5-18)$$

式中：N——空气源热泵系统的静态投资回收年限；

　　　C——空气源热泵系统的增量成本，元（增量成本依据项目单位提供的项目决算书进行核算，项目决算书中应对可再生能源的增量成本有明确的计算和说明）。

第6章 空气源热泵在长江流域推广应用前景分析

6.1 概述

京津冀地区的气候特点、建筑维护结构与长江流域有非常大的区别：

(1)京津冀地区冬季供暖期间，空气的湿度低，空气源热泵的结霜和除霜不是主要问题。在长江流域冬季常常是低温高湿，同样有取暖需求，但由于湿度大，热泵的除霜是一个关键问题。

(2)冬季长江流域的环境温度比京津冀地区稍高，有利于空气源热泵提升制热量。

(3)京津冀地区的住房大多已经考虑了房间的保温，单位面积所需的负荷小，房间密闭性较好、漏热小。而长江流域的住房，一般通风比较好，房屋保温效果差，单位面积所需的负荷大，房间的漏热大。

另外，长江流域和京津冀地区对供暖温度的需求和感受也不同。所以，长江流域供暖和京津冀地区的供暖有较大的区别，需要进行深入研究。

6.2 空气源热泵与传统取暖方式相比的优势

6.2.1 使用成本低

以长江流域的上海为例，燃煤会造成雾霾等严重的环境污染，已经退出历史舞台。传统的电加热热水器加热同样数量热水的花费是空气源热泵热水器的 4 倍~6 倍，燃气热水器花费是空气源热泵热水器的 2.25 倍，在分户式供暖应用上也是如此。因此，空气源热泵热水器具有得天独厚的价格优势。

6.2.2 清洁环保

空气源热泵由于直接从大气中吸收热量，不需要燃烧矿物原料来制热，因此属于清洁环保的能源。我国政府在 2012 年的能源效率白皮书中将空气源热泵列为可再生的清洁能源项目，大力推广使用。

6.2.3 使用安全性高

传统的电热水器由于电加热管直接与水接触，当电加热管损坏后就会发生漏电，造成触电危险。燃气热水器如果气体燃烧不充分就会产生大量的一氧化碳，造成空气污染甚至有中毒窒息的危险。而空气源热泵热水器由于不会产生上述情况，因此使用的安全性高。

6.3 空气源热泵在长江流域的应用时需要解决的关键问题

6.3.1 空气源热泵产品一次性投资高

空气源热泵产品结构复杂，技术含量高，采购价格相对较高。以热水器为例，大小相同的空气源热泵热水器的价格是电加热热水器价格的 4 倍多。因此虽然优势明显，但推广利用有较大的难度，政府部门应该积极行动起来制定节能环保的优惠政策，在价格上给予补贴，提高空气源热泵的购买率，推动我国空气源热泵行业的健康发展。

6.3.2 长江流域空气源热泵的产品设计及除霜的关键技术

目前，空气源热泵分户供暖在京津冀及周边地区进行了实际应用，取消了传统的燃煤供暖模式，改用空气源热泵供热水取暖，即所谓的"煤改电"项目，取得了一定的使用经验。但是，在长江流域由于冬季低温高湿，空气中含有大量的水蒸气，很容易导致空气源热泵在制热运行时结霜甚至结冰，严重影响制热能力和制热效率。因此，必须在技术上和产品设计上加以研究，解决除霜、除冰的关键技术。

国内空调器龙头企业在此方面进行了多年的研究，在如何提升能效、除霜的关键技术，分户供暖的设计、安装、施工、验收及效果评价，环保冷媒的应用等方面取得了一定的成果，并打造多套样板房让客户去体验，收到了很好的效果。

6.4 空气源热泵在长江流域推广应用领域

从前面的描述中我们了解了空气源热泵的一些特点和优势，那么在长江流域究竟有哪些应用，下面给予分析。

6.4.1 使用空气源热泵为普通家庭提供服务

6.4.1.1 房间空气调节

在寒冷的冬季，长江流域阴冷、潮湿，体感极其不舒服，需要取暖。原来主要是通过燃煤、燃气的小锅炉来解决，造成环境污染和潜在的安全隐患。后来采用房间空调器来取暖，但由于长江流域空气湿度大，冬季严寒季节房间空调器制热运行时蒸发器侧很容易结霜，往往制热效果不好。

经过特殊设计的空气源热泵，很好地解决了蒸发器侧的结霜问题，可以通过两种方式对人们居住的房间供暖：一种是设计成热泵暖风机直接提供热风，另一种是向地暖设备提供热水。

当夏季来临时，空气源热泵通过四通换向阀的切换，也可以向房间提供冷源，真正实现全方位的空气调节。

6.4.1.2　提供家庭用生活热水

人们的生活离不开热水，使用空气源热泵热水器可以为厨房、洗浴间、洗衣间等提供热水，满足日常的生活需求。冬季可以直接向房间提供热风，可作为民用建筑空气调节的主要发展方向。

6.4.2　使用空气源热泵为商业服务

空气源热水器可以为公共游泳池、公共浴场、理发店、商业大厦等提供热水和室内环境的空气调节。

6.4.3　使用空气源热泵为大型公共场所提供服务

空气源热泵可以为学校、医院、图书馆、会展中心、体育场等大型公共场所和设施提供空气调节和所需的热水。

6.4.4　使用空气源热泵为工业生产服务

在工业生产过程中由于生产工艺的需要，可以用空气源热泵热水器对对加工的物料进行加热处理，同时提供空气调节和所需的热水。

从上述分析中可以看出，空气源热泵的使用范围非常广泛，具有多元性，可以满足多种行业的应用需求。

6.5 空气源热泵在长江流域应用前景

6.5.1 我国空气源热泵行业的发展现状

2019年，我国冬季清洁取暖的范围从28个城市已经拓展到11个省市，国家对于大气污染财政资金从200亿元提升到了250亿元。计划到2021年，在我国北方地区电采暖（含热泵）总面积将达到15亿m^2，北京2022年计划新增热泵利用面积2000万 m^2，山东、河南、河北等省市也出台具体推广热泵机组应用三维计划。

北方地区加大环境保护的力度，为国内空气源热泵产业链带来了新的发展机遇。权威专家表示，随着北方地区各城市逐渐重视起生态环境的监管以及雾霾天气的整治，空气源热泵作为对城市环境产生影响的供暖设备将会带来新的商业机会。

以空气源采暖热泵机组为例，2009年至今，国内各大企业凭借着优异技术产品研发优势和综合型的空气源采暖方案设计能力，相继开发出多款超低温高能效的采暖热泵服务于我国北方绝大多数城市的供暖市场，市场使用效果显著，获得了消费者和有关部门的肯定和赞誉。

6.5.2 空气源热泵行业的前景

空气源热泵技术在国家推进"煤改电"整顿空气污染、拆燃煤蒸汽锅炉、散煤整治的工作中获得了史无前例的认可，并作为绿色能源的重要设备起到了中流砥柱的作用。

户式零售成未来增长点。2018 年，空气源热泵户式风机"煤改电"中标预计为 33.3 万户，融合企业的实际交货统计数据，2018 年热风机销售量约为 40 万～45 万台，热风机加上户式水机在销售量上维持了稳定增长。

工程项目采暖市场持续稳步增长。以现行政策、"煤改电"项目、渠道销售、BOT 作为突破点，确保在锅炉不断被淘汰的状况下，热泵机组工程采暖销售市场保持着稳定的增长态势。

粮食烘干行业需求量增加。粮食生产等有关产业展现了一个较为好的增长态势，带动了烘干市场的发展。我们在关注垂直细分领域的同时，更要注意到这种细分产品自身的一个特殊性，因为这样的产品是专业定制型的产品，跟我们的常规采暖产品分布不一样，需要大家投入更多的精力去了解。

我们看到空气源热泵市场由于政策带来的大幅推进，行业的产能非常高，包括热风机在内的库存量，目前市场的需求量超过 10 万台。据保守估算，空气源热泵采暖将在未来出现数以亿计的销售增长，迎来空气源采暖行业的市场重组。现阶段，空气能采暖行业已进入行业发展的转折期，新兴的采暖市场导致空气能取暖企业如雨后春笋般成长，行业已经入强劲的市场需求之中，在这一大趋势下，空气能取暖企业正在如火如荼地进行技术研发，合理布局采暖市场。

6.5.3 空气源热泵在长江流域的推广使用

早在 20 世纪 90 年代，空气源热泵在长江流域就有研发、生产和使用。但由于技术不成熟、资金投入少以及政府支持力度不够等原因，没有形成规模效应。长江流域同我国北方地区一样，在冬季主要采用传统的燃煤、燃气、燃油等来取暖，因而产生雾霾等严重空气污染情况。

为了绿色、环保及可持续发展，长江流域各地市纷纷限制或取消了使用小锅炉取暖的模式，取而代之的是使用环保、节能和可再生的能源。空气源热泵在长江流域获得了史无前例的发展和应用机遇。

长江流域地域广阔，人口众多。在长江流域实行"煤改电"的取暖模式，将有千亿元的市场规模，使用空气源热泵代替传统取暖模式是长江流域能源发展的必然趋势，符合国家可持续发展的能源政策，有着巨大的发展空间。

在各级政府、企业和消费者共同努力和推动下，空气源热泵在长江流域的应用前景十分广阔。长江流域冬季取暖"由煤改电"必将产生巨大的经济及环境效益，为服务国家可持续发展的能源战略提供强有力的支撑。